普通高等教育"十二五"规划教材

金属材料塑性成形
实习指导教程

钱健清　主编

U0315964

北　京
冶金工业出版社
2012

内 容 提 要

本教材共分 8 章，第 1 章为绪论，介绍金属加工的概况和轧钢工艺、技术和主要经济技术指标；第 2 章～第 4 章较详细地介绍型、线棒、板、管的轧制生产技术和设备，并列举了实例；第 5 章～第 7 章较详细地介绍某些主要金属的加工工艺，如锻造、挤压与拉拔、冲压等；第 8 章主要论述实习的指导、管理和考核方法。

本书适合作为冶金工程和材料科学专业的学生在钢铁生产工厂实习的指导教程，也可以作为冲压、锻造等工厂的实习教程。

图书在版编目（CIP）数据

金属材料塑性成形实习指导教程/钱健清主编 . —北京：
冶金工业出版社，2012.4
普通高等教育"十二五"规划教材
ISBN 978-7-5024-5861-4

Ⅰ.①金… Ⅱ.①钱… Ⅲ.①金属压力加工—塑性变形—
高等学校—教材 Ⅳ.①TG3

中国版本图书馆 CIP 数据核字（2012）第 039313 号

出 版 人 曹胜利
地 址 北京北河沿大街嵩祝院北巷 39 号，邮编 100009
电 话 （010）64027926 电子信箱 yjcbs@cnmip.com.cn
责任编辑 尚海霞 美术编辑 李 新 版式设计 孙跃红
责任校对 卿文春 责任印制 张祺鑫
ISBN 978-7-5024-5861-4
北京百善印刷厂印刷；冶金工业出版社出版发行；各地新华书店经销
2012 年 4 月第 1 版，2012 年 4 月第 1 次印刷
787mm×1092mm 1/16；11.5 印张；277 千字；174 页
26.00 元

冶金工业出版社投稿电话：（010）64027932 投稿信箱：tougao@cnmip.com.cn
冶金工业出版社发行部 电话：（010）64044283 传真：（010）64027893
冶金书店 地址：北京东四西大街 46 号（100010） 电话：（010）65289081（兼传真）
（本书如有印装质量问题，本社发行部负责退换）

前　言

　　实习是高等工科院校各专业重要的实践教学环节，对于金属材料塑性成形专业来说同样重要，一般安排有认识实习和生产实习，在基础课之后进行的是认识实习，在专业基础课之后和专业课之前进行生产实习，起着专业课学习前感性认知的作用。它是专业课和专业基础课的必要前提和极好的补充，也为学生毕业后从事专业车间设计、生产调度和工艺开发方面的工作打下良好的实践基础。

　　生产实习一般都在校外工厂进行，要求实习内容丰富、接触面大、涉及知识范围广。为了满足认识实习和生产实习教学的需要，根据认识实习和生产实习大纲的基本要求，将其有关知识全面、系统地从理论上加以概括，编写成这本教材，作为金属材料塑性成形类各专业认识实习和生产实习的教学用书，也可供其他相关专业实习参考。

　　本教材共分8章。第1章为绪论，介绍金属加工的概况和轧钢工艺、技术和主要经济技术指标；第2章~第4章较详细地介绍型、线棒、板、管的轧制生产技术和设备，并列举了实例；第5章~第7章较详细地介绍其他主要金属的加工工艺，如锻造、挤压与拉拔、冲压等；第8章主要介绍实习的指导、管理和考核方法。教材中实例部分主要取材于马钢股份公司第一钢轧总厂、第二钢轧总厂和第三钢轧总厂，内容丰富，产品具有代表性，工艺先进，实习针对性强，适用于学生在钢铁产品生产工厂实习，也可以作为冲压、锻造等工厂的实习教程。

　　在编写本教材过程中，考虑到以下几点，供使用时参考：

　　(1) 适用范围较宽。考虑到生产实习无统一的大纲，各校、各专业实习场所及要求又有一定差异，编写内容较多，有选择余地。

　　(2) 便于自学。考虑到生产实习的特点：学生多以分散的小组活动、实习内容穿插交换、工厂讲课条件有限。为便于自学，本教材编写内容翔实、图文并茂、直观形象、通俗易懂。

　　(3) 取材较先进。本教材以大批量生产的现代化企业为实习对象，涉及的工艺、设备及管理均较先进，以适应现代科学技术突飞猛进的发展。

（4）注意学生能力培养。教材中编入了部分复习思考题和作业，以利于引导实习深入进行，培养学生观察问题、分析问题和解决问题的能力。

本教材主要由安徽工业大学钱健清、陈继平同志编写。安徽工业大学的陈其伟、黄贞益、章静、曹杰、沈晓辉、白凤梅、谢玲玲、尹元德同志和刘金霞同学参与了部分章节的编写，安徽工业大学李胜祗同志主审。

本教材是在安徽工业大学经过三届试用后，修改补充而成的。马钢股份公司的钱海帆总工对本书的修改提出了许多宝贵意见，马钢集团公司的龚义书副教授对初稿进行全面审阅，马钢股份有限公司第一钢轧总厂、第二钢轧总厂和第三钢轧总厂为本教材提供了有关的宝贵资料。在此，对关心、支持、帮助过我们的同志一并致以衷心的感谢。

由于编者水平和经验所限，书中难免有不足之处，敬请读者批评指正。

编 者

2012 年 1 月

目　录

1 绪 论

1.1 金属塑性加工概述

1.1.1 金属塑性加工的目的

为了满足使用要求，必须将材料加工成形状、尺寸、精度都符合设计要求的零件。应用于现代工业的材料种类繁多，其性质与加工方式也存在很大的差异。

对金属材料进行加工的主要目的为：

（1）采用经济合理的加工方式，使金属按设计要求改变形状；

（2）改善金属制品的内部性质，使之满足特定的使用要求。

为实现上述目的，需要利用金属的各种性质，使用不同的加工方法，逐步改变金属坯料的形态。根据金属制品的制造工艺过程，常见的金属加工方法分类见表 1-1。

表 1-1 常见的金属加工方法分类

成形过程			加工方法
	熔化	凝固成形	铸造
固体原料	局部熔化	与其他固体结合	焊接
		分离	气割
	粉末	综合成形	烧结（粉末冶金）
	离子加工（化学变化）	局部去除	电解加工
		附着于其他固体	电镀、电铸
	塑性加工（包括分离加工）	成形	塑性加工
		分割	冲裁、剪切、切削、研磨

表 1-1 只是以改变金属的形状为原则进行分类的，没有纳入以改变金属性能为目的的热处理技术等加工技术。

变形量超过某一限度，材料就会破断。切削、研磨及冲裁等工艺就是利用这一特性而进行加工的。因此，有人认为这类工艺也属于塑性加工领域。由于冲裁加工和其他塑性加工一样，都是使用压力机械进行加工，而且在实际生产中它已成为冲压（板材塑性加工）生产的一个环节，所以一般将这类工序划入塑性加工范围。而切削、研磨加工均使用专门的机床进行作业，实际上已经发展成一种独立的加工技术。

1.1.2 金属塑性加工分类

若按制品特点对塑性加工进行分类，可分为初成形和精成形两大类。初成形是用金属坯料成形棒、管、板、线等型材或形状尺寸简单的制品，主要目的是为后续工序提供毛坯，其中大多数是利用轧制、拉拔、挤压、锻造等工艺方法，使用配套设备进行连续、大批量生产。精成形是以初成形的制件作为毛坯，通过塑性加工制成形状更为复杂、尺寸精度更高的产品，广泛地应用于金属制品的生产领域。精成形时，可以使用初成形的工艺方法，但辊压成形、辊轧、齿轮轧制、金属薄板成形以及以冷锻为主的锻造加工（精锻）等塑性加工工艺，无疑是更为典型的精密成形工艺方法。当然，精成形工艺中也不乏具有大批量生产能力的加工方式。因此，利用塑性加工方法，不仅能生产百吨以上大型零件的毛坯，也可以大批量、低成本地生产高质量产品。

根据塑性加工方式、施加外力的手段、变形金属内部的应力状态、工模具的模膛形状等，可以对塑性加工进行分类。塑性加工方法分类示例见表1-2。表1-2主要是从加工方式的角度进行分类。

表1-2　塑性加工方法分类示例

加工类型		工艺方法	产品种类示例
塑性加工	初成形	热　锻	毛坯、简单断面
		轧　制	板、棒、线、管等型材
		拉　拔	棒、线、管等型材
		挤　压	棒、管等型材
	精成形	锻造加工（精锻）	机械构件的元件
		辊压成形	齿轮、螺钉、轴类
		冲　裁	器具、机械等构造物的骨架、外罩等覆盖件
		弯　曲	
		成形加工（拉深等）	
		挤　压	小尺寸机械零件等

制造一件产品，往往需要多种加工方法。塑性加工只是其中的一种。选用不同加工方法制成的零件，其内部组织、外观尺寸未必相同。从事工业产品的设计和加工时，必须按优化原则，根据产品的形状及尺寸精度、重量、强度及其他物理、化学性质要求，从诸种加工方法中选取最佳加工方式组合，制定最经济、实用的加工工艺流程。

1.1.3　金属塑性加工工艺特点

塑性加工就是利用金属的塑性，使之在外力作用下逐步变形并成为具有一定形状和尺寸精度的产品的加工方法。通过工具对变形金属施加外力，这是塑性加工得以实现的必要条件。固体物质承受外力时，其内部会产生相应的内力（应力）和变形（应变）。在弹性范围内，去除外力后固体物质会恢复原来的形状和尺寸。当应力超过某一限度之后，即使去除外力，材料的变形也不能完全恢复，而产生程度不同的永久变形。这种变形就是塑性变形，材料所具有的这种性质就称为材料的塑性。

除金属材料外，还有很多种材料具有塑性变形的性质。某些在常温、常压下难以塑性变形的脆性材料，在高温、高压下则表现出良好的塑性。与非金属材料相比，绝大多数金属材料的塑性变形能力都较强，因而更广泛地用于塑性加工。

塑件加工的重要特性之一是通过毛坯的体积转移而成形，这一点与切削加工有本质的区别。因此，利用塑性加工方法改变毛坯形状的同时还能使其性质发生改变。

1.2 轧制工艺和主要经济技术指标

1.2.1 轧制技术的进步

1775 年，英国的亨利·歌德在普茨茅斯港的劳德里建立了一个炼铁厂，对新的铁精炼法进行了研究，发明了在反射炉中用煤做燃料使生铁变为熟铁的方法，从而取代了以前使用木炭精炼生铁的方法。

这种方法是使用类似于反射炉形式的搅炼炉（见图 1-1），它是一种小型浅底炉，以生铁为原料，可得到大量熟铁。具体操作方法是：在炉床上铺上铁矿石，再放上生铁，用煤做燃料加热，然后，加入氧化铁，用铁棒充分搅拌，使生铁和铁矿石发生作用，碳含量逐渐减少，制造黏稠状的熟铁（类似我国古代的炒钢）。使用这种炉子，搅拌操作是不可缺少的，所以称为搅炼法。由于这种搅炼法的发明，钢有了轧制的可能性。随后，钢铁加工也采用了瓦特发明的蒸汽机（1769 年），用轧机代替了铁锤，形成了焦炭高炉→搅炼法→轧机这样一种新的钢铁技术体系。其结果是获得了廉价的熟铁，同时熟铁的应用也推广了，而轧机成了钢铁加工的主要设备。

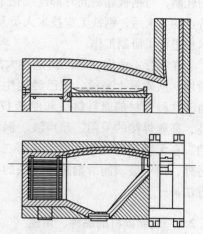

图 1-1　搅炼炉（左边为煤气燃烧室）

在欧洲，钢结构件和钢筋混凝土同时得到发展，其次厚板轧制也有了进展。1887 年下水的英国艾利斯号军舰，就是最初的钢制舰船，以后钢质舰船的进步和厚板轧制技术的进步相互促进，日新月异地向前发展。由于装甲板和炮弹的竞争，出现了镍钢和铬钢。为了解决这些新钢种的硬度问题，提高了轧机的强度。随后钢管轧机有了新的进展。1835 年，曼内斯曼兄弟发明的钢管轧制法，扩大了钢管的用途，使生产高压管成为可能。

随着钢轨、型钢、厚板、钢管轧制技术的进步，传统的棒材、线材、薄板的轧制、镀锡薄钢板的生产也都相应地取得了进展。

线材和带钢从 19 世纪就有了连续轧制法。用这种方法生产宽幅薄板的试验工作也早已开始。20 世纪 20 年代，由于汽车工业、食品罐头工业以及机械和电气工业的发展，在美国才形成宽带钢连续轧制工业。美国轧钢公司于 1923 年建造了第一台带材轧机。1926年，美国哥伦比亚炼钢公司又建成了现代的连续式带材轧机。

这台美国的连续式带材轧机在第二次世界大战后对全世界的钢铁工业产生了很大的影响，并成为日本现代钢铁工业的基础。第二次世界大战后，特别是 1950 年以后，轧制技术有了新的进展，改进了加热炉自动控制，采用了 X 射线测厚仪等。20 世纪 60 年代，由于板厚自动控制的采用，板宽控制的研制成功，驱动电机和控制回路的改善，轧制润滑剂的改良，板厚、张力、压下量、轧制力等测量仪器可靠性的提高，换辊操作机械化等各项轧制技术的全面现代化，导致操作速度大幅度加快，作业率大大提高了。第二次世界大战后，日本轧制技术的革新是从型钢、棒材、线材的制造工艺开始的，后来才波及线材、型钢、棒材的近代化。日本由于在 20 世纪 50 年代前半期引进了联邦德国和美国的全连续轧机轧制线材，生产面貌为之一新。进而由于半导体元件的应用使电机控制得到了改善，轧机机架的改革等使轧制速度再次得到提高，最新的全连续轧机上，所有机架呈水平与垂直交替配置，完全消除了线材的扭绞现象，精轧速度已提高到 60m/s 以上。

　　20 世纪 60 年代，日本高速公路、高层建筑、港湾等工程项目激增，为了满足这些土木工程对型钢的需要，从那时起就建设了专门生产宽缘工字钢的工厂。另外，中小型钢材的轧制，与钢板轧制同时都连续化了。对异形钢材、钢板桩、冷弯型钢等提出形状、强度特点的要求后，钢铁工程技术人员及其他有关技术人员同心协力，对这项新材料的轧制技术也进行了研制工作。

　　在制管工业中，第二次世界大战后发展了焊接制管技术。在日本，电阻焊管的产量激增，从质量上来说，也已经能生产石油、天然气管路和发电厂蒸汽透平用的钢管了。由于这种管材的原料材质和制造技术的改善、孔型设计的改进等使成形技术得到了提高，高频焊接的采用、超声波、涡流探伤法的发展等新技术中，许多是由日本独立完成的。在无缝钢管制造方面，从第二次世界大战前延续下来的斜轧穿孔技术得到了提高。另外，出于玻璃润滑剂热挤压法的引入，这种方法已成为当前无缝不锈钢管生产的主要方法。

1.2.2　轧制钢材的品种、用途

　　轧制钢材的种类有数十种以上。其中主要的有表 1-3 中所列出的钢轨、钢板桩、型钢、棒材、线材、厚板、中板、热轧薄板及带卷、冷轧薄板及带卷、硅钢薄板及带卷、钢管、轮箍等。而这些钢材各自还可分成几种或几十种。1973 年日本普通钢材按品种分类的产量见表 1-3。由表 1-3 可以看出，厚板、中板为 19%，棒材约为 14%，热轧薄板约为 13%，型钢约为 13%，冷轧薄板约为 13%，钢管约为 10%，线材约为 7%。现就其中主要的品种简要介绍如下。

表 1-3　1973 年日本普通钢材按品种分类的产量

品　种		产量/kt	占总产量比例/%	用　途
钢　轨		553	0.60	钢　轨
钢板桩		1208	1.31	护岸、防护堤、水门、入孔、游泳池、其他土木建筑工程、其他
简易钢板桩		105	0.11	
小　计		1313	1.42	
型钢	宽缘工字钢	5551	6.02	桥梁、建筑用钢框架、船舶、车辆、其他
	大　型	1771	1.93	
	中　型	2236	2.43	
	小　型	853	0.93	
	冷弯型钢	1628	1.76	
	小　计	12042	13.07	

品　种		产量/kt	占总产量比例/%	用　途
棒材	大　型	319	0.34	机械零件、土木、建筑、船舶、车辆、螺钉、其他
	中　型	609	0.64	
	小　型	11566	12.60	
	小　计	12594	13.67	
线材	盘　条	926	1.0	螺钉、螺母、机械零件、其他
	普　通	2893	3.14	钢丝、镀锌钢丝、金属网、钉子、螺栓、铆钉、刺钢丝、螺钉、石笼钢丝绳、钢琴丝、预应力混凝土用钢丝、弹簧、其他
	特　殊	2276	2.47	
	小　计	6095	6.61	
厚　板		15734	17.00	造船、车辆、钢框架、桥梁、重型机械、槽子、锅炉、送水管、化学装置、建筑物
中　板		1803	1.94	小型船舶、车辆、大型滚筒、其他
小　计		18537	19.03	
热轧薄板	薄　板	615	0.67	电镀原板、汽车部件、车辆、一般结构物、家用电器、其他
	带　卷	11666	12.66	
	小　计	12281	13.33	
冷轧薄板	冷轧钢板	2981	3.24	汽车外板、搪瓷器皿、家具、建筑用品、家用电器、电梯、办公用品、其他
	冷轧宽带卷	8485	9.20	
	磨光带钢	258	0.28	
	小　计	11724	12.72	
冷轧电工钢带		1097	1.19	电动机、发电机、变压器、通信机
镀锡薄钢板		1951	2.12	食品罐、石油罐、家庭用具、装饰品
镀锌薄钢板		5183	5.62	建筑用品、广告牌、黑板、汽车用、其他
其他电镀钢板		740	0.81	
小　计		8971	9.74	
钢管	热轧钢管	7079	7.68	煤气用、一般用、高压用、化学工业用、气体容器、油井用、水道用、汽车用、建筑用品、其他
	冷轧钢管	334	0.36	
	电镀管	1479	1.61	
	小　计	8892	9.65	
轮　箍		145	0.16	车辆、其他
合　计		92147	100.0	

1.2.2.1　半成品

半成品主要有：

（1）钢坯（大方坯）。钢坯是由钢锭在初轧机上轧制而成的。横断面形状近于正方形，每边尺寸为 130～350mm，长度为 1000～6000mm。它的用途大都是直接轧制大型和中型型钢，或者制成小钢坯及其他钢坯等，还有作为外销的锻造钢坯。

（2）小钢坯（小方坯）。小钢坯形状和大钢坯相同，只是横断面每边尺寸是 50～130mm 的正方形，长为 1000～20000mm。

（3）扁钢坯（板坯）。扁钢坯是把带钢用的扁平钢锭粗轧得更扁一些而得到的，其横断面为矩形，尺寸大体上是厚为 45～300mm，宽为 200～2000mm，长为 1000～9000mm。其用途是作为厚板、中板和薄板的坯料。

（4）异形钢坯。异形钢坯是大型型钢用的坯料，粗轧到接近于成品型钢形状的一种特殊半成品。主要用于轧制宽缘工字钢、钢板桩等产品。

1.2.2.2　型钢

棒材是由钢锭或者钢坯轧制而成的，在市场上仍然是最多的钢材产品。根据断面形状，棒材划分为圆的、扁的、六角的、八角的、半圆的等，此外还有周期断面棒材等。除断面形状外，根据尺寸大小，又可分为大型、中型和小型。各个品种的直径、边长、宽度等尺寸都已标准化。棒材中需要量最多的是小型棒钢。

圆钢的用途非常广泛，从机械、土木、建筑、船舶、车辆到二次制品的光亮钢棒、螺栓、螺母、铆钉等。方钢用做小型拉门轨道、铁道用道钉等，大中型方钢作为锻铸件，多用于车辆上。扁钢用做板簧、机械零件、钢框架、农具、刀具等，用途也比较广泛。六角钢主要用做螺母。在圆钢上每隔一定间距出现波节或者凹凸的周期断面棒材，是混凝土钢筋用的钢材。

型钢根据断面形状分为大型、中型、小型 3 种。这种型钢和棒材一样，也是用途很广的钢材。小型型钢以等边角钢为最多。大型型钢中，宽缘工字钢、槽钢、等边角钢、不等边角钢等较多，也有其他特殊品种。其中，宽缘工字钢是一种断面性能优良的钢材，其断面为 H 形，它的边较普通工字钢的边宽，而且要求边的内外面平行。宽缘工字钢可以做结构用和基础桩用，用做要求有高度安全性的建筑用梁、地下构件；普通工字钢则用在基础工程上。钢板桩在型钢中具有特殊的用途，形状复杂，壁的厚度也薄，和轧制其他钢材相比，其轧制技术是比较复杂的。这种钢材用于护岸、防波堤、水门、入孔、游泳池等处，其他使用钢框架的土木工程中也要使用这种钢材。

普通线材的直径尺寸已经标准化了。对于高线，标准线径为 5.5mm 的线材质量可达到 2t 左右。和这个标准相比，太粗的产品以前称为粗号线材，现在尚没有明确规定。最粗线径可达 19mm，在此值以上的称为成卷圆钢。按材质，线材可分为普通线材、特殊线材、特殊钢线材等。在数量上，普通线材生产最多。普通线材用做低碳钢丝、镀锌钢丝、金属网、钉子、螺丝、铆钉、刺钢丝、冷加工标准件、石笼等；特殊线材用做铠装线、涂药电焊条芯、钢绞线、钢丝绳、弹簧、辐条、伞骨、缝纫机针、预应力混凝土用钢丝等。

按照每米长的单重，钢轨可分为轻轨与重轨。通常每米长质量在 22kg 以下的称为轻轨，在此以上的称为重轨。钢轨按用途分为铁路用钢轨、电车用钢轨、吊车用钢轨、升降机用钢轨等。近年来，大量生产了新干线用的重轨。

1.2.2.3　钢板

钢板有热轧钢板及冷轧钢板（包括板片和带卷）之分。按其品种，钢板又分为厚板、中板、薄板、花纹板、双金属钢板。薄板有热轧薄板、冷轧薄板、宽带钢、镀锡薄钢板、镀锌薄钢板、热镀铝钢板、特殊薄膜钢板，还有硅钢板。

热轧钢板中，厚度在 6mm 以上的为厚板，厚度在 3～6mm 的为中板，厚度在 3mm 以下的称为薄板。宽带钢是指宽度在 600mm 以上的带钢。

冷轧钢板中，镜面宽带钢是指宽度在 600mm 以上的带钢卷。钢板和带钢的区别是以板片状还是带卷状来划分的。

厚板的用途非常广泛，主要用于造船、车辆、钢框架、桥梁、重型机械、槽罐、锅炉、高压送水管、化工装置等，特别是在造船方面用得最多。

花纹板的生产方法与厚板相同，只是用刻有花纹的精轧辊来进行精轧。最近在热轧带钢轧机上轧制较薄的钢卷较多。由于船舶涉及生命财产的安全，所以造船用钢板和锅炉钢板一样，在交货时必须进行严格的质量检查。

热轧薄板是热带钢轧机生产的，所以被特别称为宽带钢。薄板主要用途有电镀用板、车辆、大铁筒、一般构件及家用电器等。

冷轧薄板在冷轧带钢轧机上进行生产，它是把热轧带卷酸洗后在冷轧带钢轧机上连续轧制而成。冷轧薄钢板的表面光洁，这种材料做的制品，表面电镀的效果也较好，还适于冲压加工。冷轧薄钢板的用途极为广泛，如汽车壳体和部件、车辆、家用电器、电镀用的原板等。

镀锡薄板是在极薄钢板上镀锡而成的，可用做罐头盒等。

硅钢板是磁性材料，硅含量比普通钢板多得多，用于发电机、电动机、变压器等电器设备上。

1.2.2.4　钢管

钢管根据生产方法可以分成若干种。

无缝钢管是在专门的穿孔机上穿孔，再在这个孔中放入硬度很大的芯头进行轧制，或者通过热模具挤出。它没有缝，是高级钢管，主要用途是高压用钢管、化工用钢管、气体容器用钢管、油井用钢管、水道和煤气用钢管。

炉焊管是使加热的管坯通过喇叭筒形模孔熔接而成的。

普通焊接管通过冷成形制成管坯，通过电阻加热和煤气加热焊接成的，用电阻法熔接的称为电焊管。焊接管可用做煤气管、一般用管、化工用高压管、油井用钢管、水道用钢管、自行车和汽车用钢管等。

1.2.3　轧钢车间主要技术经济指标

1.2.3.1　轧钢车间的主要技术经济指标

厂（车间）劳动力、各种设备、原材料、燃料、动力、资金等利用程度的指标称为技术经济指标。这些指标既能反映企业的生产技术水平和管理水平，又能反映企业的经济效益。它是鉴定企业的技术是否先进、工艺是否合理、管理是否科学的重要标准。所以各企业都非常重视技术经济指标的预测、分析，不断采用新技术、新工艺，加强管理，以提高技术经济指标。20 世纪 80 年代各类轧机部分技术经济指标参考值见表 1-4。

除了表 1-4 中所列的各项外，实际生产中还要增加几项综合性指标，如日历作业率、有效作业率、合格率、劳动生产率等。

表1-4　各类轧机部分技术经济指标参考值

序　号	轧机名称	生产能力/kt·a^{-1}	机械设备质量/t	电机总容量/kW	车间总面积/m^2	定员/人
1	1300/800/700 初轧机	3445	41235	83851	150881	1202
2	1150/700/500 初轧机	20	9607	311300	42481	714
3	850/700/500 初轧机	700	3440	12680	20660	616
4	950/800 轨梁轧机	1300	16194	96480	90845	1487
5	800×3 轨梁大型轧机	1200	22864	56107	75360	1944
6	650×3 开坯中型轧机	240	2560	7970	27040	785
7	500/300 中型轧机	100	900	3700	5900	500
8	400/300 小型轧机	50	533	2950	6156	360
9	300 连续小型轧机	870	4714	18080	23600	540
10	45°无扭线材轧机	300	1675	14800	15600	400
11	2800/1700 半连轧板机	2000	25463	55000	78933	1700
12	2300/1700 炉卷轧机	361.5	13500	75000	66000	850
13	2050 热连轧板机	4000	43000	88826	145000	
14	1700 冷连轧板带机	3106	34000	167500	178600	2977
15	2030 冷连轧板带机	2100	73000	171000	260000	1872
16	1700 冷轧连轧板机	1000	26900	112000	169700	3354
17	二十辊冷轧带机	70	9500	47000	83400	1665
18	4200 特厚板轧机	400	19000	46600	100000	1050
19	3300/1200 热连轧带机	700	11260	45219	71495	1500
20	φ400 自动轧管机	300	21000	30000	12000	1800
21	φ140 自动轧管机	160	轧线设备 4200	8600	30030	521
22	φ140 连轧管机	500	28597	92000	197487	3420
23	φ318 周期式轧管机	122	6687	10244.1	34716	629
24	φ133 顶管机	25.7	1878.7	3091	25840	426
25	φ250 限动芯棒连轧管机	517.4	25582	44053	65775	604

　　A　日历作业率

　　日历作业率是国家考核企业的日历时间利用程度的指标。轧机的日历作业率越高，年产量就越高。日历作业率 η（%）为：

$$\eta = \frac{T_{sj}}{8760} \times 100\% \tag{1-1}$$

式中　T_{sj}——实际年工作时间；

　　　8760——年日历作业时间。

　　B　有效作业率

　　有效作业率 η_u（%）为实际工作时间 T_{sj} 占计划工作时间 T_{jw} 的百分比，即：

$$\eta_u = \frac{T_{sj}}{T_{jw}} \times 100\% \tag{1-2}$$

C　合格率

轧制出的合格产品数量（钢材或钢坯）占产品总检验量和中间废品量之和的百分比称为合格率。

合格产品数量是经检验合格后的入库产品数量。中间废品量是指在加热、轧制、热处理过程中产生的一切废品，以及未经成品检验的其他废品。产品总检验量则是指送至检验台上检验的总量，包括合格产品和不合格的产品。所以，合格率的高低是反映企业产品质量的标志。

D　劳动生产率

劳动生产率是指劳动者在一定时间里平均每人生产合格产品的数量。它表示了劳动者在该时间向社会提供的物质财富的多少。劳动生产率的高低与劳动者的技术水平、劳动工具的先进程度有关。因此，劳动生产率是考核和反映劳动效果的重要指标。劳动生产率可用全员劳动生产率或工人产值劳动生产率来表示。如：

$$全员劳动生产率 = \frac{考核时间内总合格产品量（t）}{考核时间内职工总人数（人）} \tag{1-3}$$

$$工人产值劳动生产率 = \frac{考核时间内合格产品总产值（元）}{考核时间内工人总人数（人）} \tag{1-4}$$

1.2.3.2　各项经济指标的控制与计算

A　轧钢车间的生产能力

轧钢车间的生产能力主要取决于轧钢机的生产能力，同时也与加热和精整设备的生产能力有密切关系。

a　轧机生产率

轧钢机的生产能力以轧机的生产率表示，即轧机在单位时间内的产量，以小时、班、日、月、季和年为时间单位进行计算，其中小时产量为常用生产率指标。成品轧机的生产率按照合格品的质量计算；初轧机和厚板轧机的生产率按照原料（钢锭）质量计算。

成品轧机的小时产量 A_p（t/h）为：

$$A_p = \frac{3600}{T}QK_1b \tag{1-5}$$

式中　3600——每小时秒数；

　　　T——轧制周期，s；

　　　Q——原料单重，t/根；

　　　K_1——轧机利用系数；

　　　b——成品率，%。

b　影响轧机生产率的因素

根据式（1-5）可知，影响轧机生产率的因素有原料单重、轧制周期、轧机利用系数、成品率等。这些因素与设备条件有关，同时也反映出生产技术水平、操作熟练程度和组织管理水平。具体影响因素为：

（1）原料单重 Q。由式（1-5）可知，坯料质量越大，轧机小时产量越高。但情况并不完全如此，有时会因坯料质量增加而导致轧机产量下降。这是由于坯料质量增加使轧制周期增加的缘故。因为坯料质量增加，使坯料的横断面积增加，从而导致轧制道次的增加。只有增加坯料长度，才能提高生产率，但加热炉宽度、主辅设备的间距等都限制坯料的加长。因此，增加原料单重时，应综合考虑，以选取最佳横断面积。

（2）轧机利用系数 K_1。轧机实际小时产量与理论小时产量的比值称为轧机利用系数。实际生产中主要因生产节奏的不正常（如咬入困难、操作延误等）而引起轧机利用率降低。通常，开坯轧机 $K_1 = 0.85 \sim 0.90$；成品轧机 $K_1 = 0.80 \sim 0.85$。

（3）成品率 b（%）。成品质量与所用原料质量之比称为成品率。可用下式表示：

$$b = \frac{Q - W}{Q} \times 100\% \tag{1-6}$$

式中　Q——原料质量，t；

　　　　W——各道工序造成的金属损失量，t。

成品率越高，轧机产量越大。而影响成品率的主要因素是轧制过程中产生的金属损耗，如烧损、切损、轧废等。若烧损 2%，切损、轧皮 13%，则成品率 b 为 85%。因此，提高成品率主要在于减少轧制过程中的金属损耗。

（4）轧制周期 T。轧机每轧制一根产品所需的时间称为轧制周期。轧制周期越短，轧机小时产量越高。轧制周期随轧机的组成、技术性能和轧制操作方法的不同而异，一般轧制周期可用式（1-7）和式（1-8）表示。

无交叉轧制：在前一根轧件轧制终了后再开始轧制下一根轧件，即在同一轧机或轧制线上同时轧制一根轧件，其轧制周期就是每根轧件的轧制周期时间，即：

$$T = \sum t_z + \sum t_j + t_0 \tag{1-7}$$

有交叉轧制：在前一根轧件轧制尚未终了时就开始轧制下一根轧件，即在同一轧制线上同时轧制两根或两根以上的轧件。两根或两根以上轧件同时轧制的时间称为交叉时间。有交叉轧制的平均轧制周期为：

$$T = \sum t_z + \sum t_j - t_{ch} \tag{1-8}$$

式中　$\sum t_z$——各道轧制时间总和；

　　　　$\sum t_j$——各道间隙时间总和；

　　　　t_0——前后两轧件之间的间隔时间；

　　　　t_{ch}——交叉轧制的时间。

比较式（1-7）和式（1-8）可知，交叉轧制时轧制周期较短，所以采用交叉轧制可提高轧机生产率，另外，可采用合理分配道次、减少间隙时间、强化轧制过程等措施来缩短轧制周期，以提高轧机的生产率。

（5）轧钢车间的年产量 A。车间年产量是指在一年内轧钢车间各种产品的综合产量，单位为 t/a。计算公式为：

$$A = A_p T_{jw} K_2 \tag{1-9}$$

式中　A_p——平均小时产量，t/h；

　　　　T_{jw}——轧机一年内实际工作时数，h；

　　　　K_2——时间利用系数。

对连续工作制：

$$T_{jw} = (365 - T_1 - T_2 - T_3) \times (24 - T_4) \tag{1-10}$$

式中　T_1，T_2——一年中大修、中小修时间，d；

T_3——年换辊时间，d；

T_4——每天交换班时间，h。

K_2是由于某些原因造成时间损失的系数。如设备问题、断辊、待料、停电等。一般不同轧机 K_2 有所不同。初轧机 K_2 为 $0.9 \sim 0.92$，型钢轧机 K_2 为 $0.8 \sim 0.9$。例如，650 型钢开坯车间产品方案见表 1-5，年产量为 450kt。

表 1-5   650 型钢开坯车间产品方案

序号	产品品种	品种规格/mm×mm	占总产量比例/%	轧机产量/t·h⁻¹	劳动换算系数	轧机工作时间/h·a⁻¹	年产量/kt·a⁻¹
1	薄板坯	8×240	8.89	52.2	1.24	769	40
		9.8×240	6.67	64.56	1	465	30
		14.9×240	44.4	64.56	1	3098	200
		16×240	6.67	87	0.74	345	30
2	方坯	60×60	2.22	67	0.96	149	70
		67×67	4.44	69	0.93	290	20
		76×76	6.67	87.9	0.73	342	30
3	矩形坯	90×120	5.55	68.7	0.94	364	25
		125×165	5.55	71.4	0.90	390	27.812
4	管坯	φ76	4.44	67	0.96	299	20
		φ90	4.44	69	0.93	289	20
合计						6800	452.812

其标准产品小时产量为：

$$A_b = \frac{3600}{T} Q K_1 b \tag{1-11}$$

式中 A_b——标准产品小时产量，t/h；

T——轧制节奏时间，s，取 20.83s；

Q——原材料质量，t，取 517kg（254mm 锭）；

b——成品率，取 0.85；

K_1——轧机利用系数，取 0.85。

按各值代入式（1-11），得：

$$A_b = \frac{3600}{20.83} \times 0.517 \times 0.85 \times 0.85$$

$$= 64.56 \ (t/h)$$

平均小时产量为：

$$A_p = \frac{100}{\dfrac{a_1}{A_b}x_1 + \dfrac{a_2}{A_b}x_2 + \cdots + \dfrac{a_n}{A_b}x_n} \tag{1-12}$$

式中 $a_1, \cdots, a_n$——某种产品占总产量百分比；

$x_1, \cdots, x_n$——某种产品劳动换算系数。

将表 1-5 中数据代入式（1-12）得：

$$A_p = 66.59t/h$$

年实际工作时数为：

$$T_{jw} \approx 7640h \quad (24 \times 365 减去大、中修、换辊、交接班等时间)$$

时间利用系数为：

$$K_2 = 0.89 \quad (开坯取高限)$$

年产量为：

$$\begin{aligned} A &= A_p T_{jw} K_2 \\ &= 66.59 \times 7640 \times 0.89 \\ &= 452.8 \quad (kt) \end{aligned}$$

B　轧钢车间技术经济指标

车间技术经济指标是衡量一个车间设计经济效果的指标，也反映了该车间的生产技术水平和管理水平，反映了生产过程中的合理性与经济性。车间技术经济指标包括综合指标和 1t 产品的材料消耗指标。综合指标反映了车间的全貌，是同类型车间进行经济效果比较的主要内容。而 1t 产品的材料消耗指标是对产品进行成本核算的主要内容。

复习思考题

1-1　塑性加工分类方法有哪些具体内容？

1-2　金属塑性加工工艺特点是什么？

1-3　轧钢车间的主要技术经济指标有哪些？

2 型线轧制生产及实例

2.1 型钢的轧制

2.1.1 型钢的定义

型钢是有各种各样断面形状并且富于变化的钢材，很早以前就和棒材一样是钢材中有代表性的品种。

型钢一般是由热轧生产的，除角钢（等边、不等边、不等边不等厚的各种角钢）、槽钢、工字钢、宽缘工字钢等一般的型钢外，还有钢板桩、钢轨、球扁钢等异形钢。这些制品的断面尺寸、断面积、重量及断面性能等在各国标准中都有相应的规定，这类型钢从大到小各种尺寸的制品都有，各自按照尺寸的大小分为大型、中型、小型三类。

型钢主要用于建筑用钢架，桥梁、船舶和车辆上的构件及框架等，它是钢材中用途最广的品种之一。尤其是钢板桩在型钢中具有特殊的用途，护岸、防波堤、水门以及其他使用钢梁的土木建筑工程中可以说一定要使用钢板桩。

型钢的主要种类、尺寸范围及用途见表 2-1。

以上叙述了热轧法生产的型钢，此外还有冷弯型钢，它是以在带材轧机上生产的带钢为原料，把这种钢带直接地或者按所要求宽度纵切后，冷态下在轧辊上弯曲成形得到的。

表 2-1 型钢的主要种类、尺寸范围及用途

种 类	断面形状	尺寸/mm			用 途
		大 型	中 型	小 型	
等边角钢		$A \times B \times t$ 为（$100 \times 100 \times 7$）～（$200 \times 200 \times 29$）	>（$50 \times 50 \times 4$）	>（$20 \times 20 \times 3$）	结构物的主要材料，辅助材料
不等边角钢		$A \times B \times t$ 为（$125 \times 75 \times 7$）～（$175 \times 90 \times 15$）			结构物的加固件
不等边不等厚角钢		$A \times B \times t_1 \times t_2$ 为（$200 \times 90 \times 9 \times 14$）～（$400 \times 100 \times 13 \times 18$）			造船材料
工字钢		$A \times B \times t_2$ 为（$125 \times 75 \times 55$）～（$600 \times 190 \times 16$）	（$75 \times 75 \times 5$）～（$100 \times 75 \times 5$）		建筑、桥梁、车辆等用结构物和临时件

续表2-1

种　类	断面形状	尺寸/mm			用　途
		大　型	中　型	小　型	
槽钢		$A \times B \times t_1$ 为（125 ×65×6）～（380×100×13）	（75×75×5）～（100×75×5）		建筑、桥梁、车辆等用结构物和临时件
宽缘工字钢		$H \times B$ 为（100×100）～（900×300）			结构用，柱材及梁材
钢板桩		$W \times H$ 为（400×75）～（420×175）			土木工程
钢轨		22～50kg/m	>10kg/m	<6kg/m	铁道用
球扁钢		$A \times t$ 为（150×8）～（250×12）			造船，主要用船体钢板的加固件

2.1.2　生产工序与平面布置

一般来说，型钢车间，分为大型、中型和小型，但也不一定按尺寸严格划分，在中型车间也能轧制大型和小型钢材，在小型车间也可轧制中型钢材。

型钢的品种规格非常多，订货的长度也各种各样，所以制造方法也有许多种。制造型钢的主要工艺流程一般如图2-1所示。

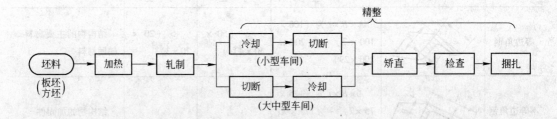

图2-1　制造型钢的主要工艺流程

下面对工艺流程做概要说明。

由开坯车间运来的坯料（大方坯和小方坯等）在加热炉中，加热到热轧所需要的温度后，通过几架轧辊上均有刻有孔型的轧机依次轧制，最后在精轧机的孔型中轧出所规定断面形状的钢材，由轧机出来后送到精整工序。

轧制的钢材，用设在精轧机后边的热锯锯断。对工字钢、槽钢、钢板桩等大断面、复杂断面制品按照合同所规定的长度切断后，送到冷床冷却到近于常温。角钢、圆钢等小断面和简单断面制品，一般经过冷床后在冷剪切机上切断。在标准中没有长度规定的钢材，一般在生产线以外设置的冷锯上进行切断。

非对称断面型钢，冷却时发生弯曲和扭拧，因而由冷床出来后需要到矫直机上矫直。此后，在检查台上对型钢的断面形状、缺陷、弯曲、长度等项进行检查，而后取样品进行力学性能检查，合格的为型钢成品，在成品上标明用户、品种、规格及其他等，打捆后出厂。而对某些特殊订货规格的制品，在出厂前，为了防止生锈要经过喷丸、涂油等工序后出厂。图2-2所示为型钢车间的平面布置图。

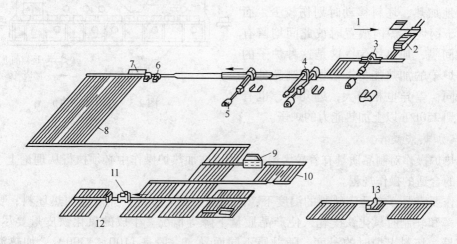

图 2-2 型钢车间的平面布置图

1—钢坯；2—加热炉；3—开坯轧机；4—多辊轧机；5—万能精整轧机；6—热锯；7—定尺机；8—冷床；
9—辊式矫直机；10—检查台；11—卧式压力矫直机；12—立式压力矫直机；13—冷锯

2.1.3 生产工艺

2.1.3.1 坯料

型钢轧制大部分使用开坯或连续铸钢法生产的钢坯。按断面形状分为大型方坯、小型方坯、板坯及异形钢坯，其中也有从钢锭直接轧出成品的，即中间不再进行加热，而是一次轧成的。

小型方坯用于生产小断面型材，大型方坯用于轧制大型材和中型材，板坯一般用来轧制大断面的槽钢、钢板桩等，异形钢坯一般用于轧制宽缘工字钢、钢板桩等。作为坯料的钢种，根据成品所要求的力学性能和用途来决定化学成分及脱氧方式等，正在向以半镇静钢为主的方向发展。坯料的质量对成品的质量、成品率有直接的影响，所以，根据加工率大小和制品表面质量要求，在不影响尺寸精度的范围内除去表面缺陷。内部缺陷程度严重的坯料，由于缺陷仍旧残存于制品中，所以要在钢坯阶段进行清理。为了保证坯料准确的形状和尺寸，对断面尺寸、直角度、弯曲度、歪扭等要进行检查，不让它们对设备和质量产生坏影响。

2.1.3.2 加热

A 加热炉

加热炉是为了均匀地把坯料加热到适于轧制温度用的炉子。

型钢轧制时使用的加热炉，主要是连续式加热炉。这种炉子是把装入炉内的坯料依次往前送，由炉中取出之前要加热到进行轧制所需的温度，这种形式的炉子，根据坯料送进机构，分为如图 2-3 所示的推钢式和步进式两种。

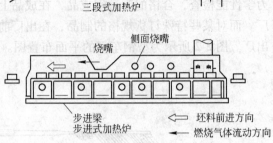

近几年来，新建的多为步进式加热炉，这种炉子对于形状比较复杂的材料，也能较容易地加热，坯料移动时划伤较少，而且，由于钢坯在炉内放置时彼此间均留有一定的间隔，加热均匀，这是这种炉子的优点。炉子的加热能力，根据轧制品种构成的不同，差异也相当大，近几年，也有建成达到 250t/h 以上加热能力的炉子。

图 2-3   连续式加热炉

B   加热炉操作

加热炉操作对制品质量有着较大影响，所以在加热炉操作中必须执行从理论上、经验上得出的合适的操作规程。

操作要点是：在适于轧制的温度下，均匀地、高效率地、经济地加热坯料；要考虑到成品率和轧制时氧化铁皮轧入使产品质量下降等情况。生成的氧化铁皮量要尽量少，剥离容易。坯料出炉时的温度，随材质不同而异，一般是 1100～1300℃。加热温度过高时，引起烧损和脱碳等，造成成品率和产品质量下降。在炉内时间过长时，晶粒粗大，氧化铁皮量增多，同样出现弊病。如果加热不均匀，轧制时就要产生加工断裂和形状不良等缺陷。

由于燃料燃烧中产生氧气、二氧化碳、蒸汽等，排出的气体成分对氧化铁皮生成量、易剥离程度的影响很大。因此，必须在适当炉内压力和空气过剩系数的前提下操作，避免出现吸入空气及燃烧空气不足或过剩等现象。

2.1.3.3   轧制

A   轧制设备的配置

型材轧制车间，有大、中、小型车间之分，根据轧机的配置，又可分成如图 2-4 所示的横列式、二列式、越野式、连续式、半连续式等。

另外，轧辊的组装形式，采用如图 2-5 所示的二辊式、三辊式及万能式；而二辊式和万能式可分为可逆式与不可逆式两种。

大型轧制车间轧机配置多数是单列式的二辊可逆式或三辊式，主要生产普通大型型钢（角钢、工字钢、槽钢等）、钢板桩、钢轨、圆钢等。但是生产宽缘工字钢，主要用半连续式或者全连续式万能轧机，这种轧机除生产尺寸范围很宽外，最近也用它生产槽钢和钢轨等。

以前的工厂，中型及小型轧制车间轧机配置多为横列式和二列式。但是，近几年来，采用了轧制效率高、轧辊调整简单的一个轧辊轧一道的轧制设备，这其中有越野式、全连续式和半连续式。主要用于生产普通型钢、特殊型钢、轻轨及棒材等。

B   型钢的轧制法

由于型钢断面形状是各式各样的，所以与钢板那种只是单纯的厚度压下的变形方式完

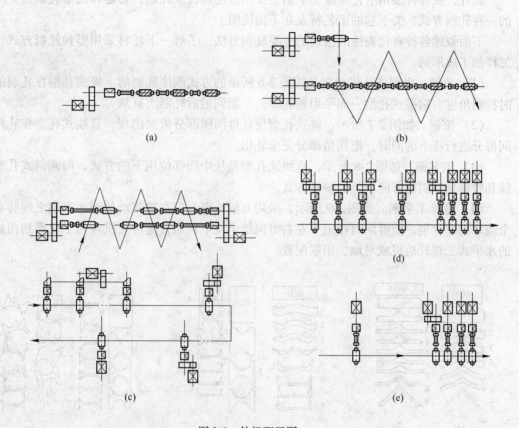

图 2-4 轧机配置图

（a）横列式；（b）二列式；（c）越野式；（d）连续式；（e）半连续式

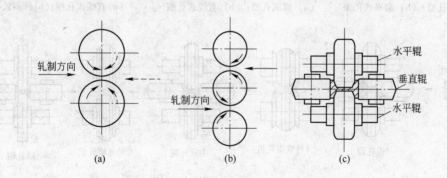

图 2-5 轧机的轧辊组装形式

（a）二辊可逆式；（b）三辊式；（c）万能式

全不同。一般来说，型钢轧制，是钢坯依次通过各轧机上的刻有复杂形状孔型的轧辊进行轧制，轧件在孔型中一面复杂地流动，一面缩小断面而同时成形，这也就是孔型轧制。

在钢板轧制时，钢板的两侧未经剪切的边部要剪切，可以得到齐整的板宽，与此相反，在型钢轧制中，由于轧后不可能进行切边，所以成形不得不在轧制过程中来全部完成，这点可以说是型钢轧制的最大特征。

此外，在各种型钢中，宽缘工字钢主要用万能轧机来轧制，它是和孔型轧制完全不同的一种轧制方式，关于它的工艺特点在下面说明。

下面叙述各种有代表性的型钢的主要轧制方法，了解一下坯料采用哪种轧制方式，是怎样加工成形的。

（1）角钢。由钢坯轧成角钢是按图2-6所示的方式顺序轧制的。蝶式孔型在轧制的同时控制角度，扁平式孔型一面平坦地轧腿，一面到最后轧制出直角。

（2）槽钢。如图2-7所示，蝶式孔型使轧件两腿部分依次出现，直线式孔型在轧件中间部分进行压下的同时，把拐角部分完全轧出。

（3）工字钢。如图2-8所示，直线式孔型是从中间部位压下的方式，而倾斜式孔型是腿和腰部从倾斜的方向压下的一种方式。

（4）宽缘工字钢。如图2-9所示，采用万能轧机，但在被驱动的两水平辊之间装有两个随动的垂直辊，能够同时在上下左右方向给予压下；而且这种轧机与为了成形拐角边缘的水平式二辊轧边机成对地、串联配置。

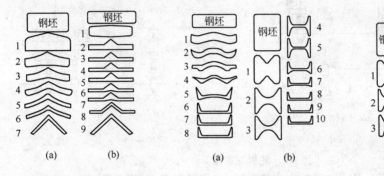
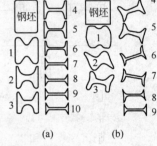

图2-6　角钢轧制孔型系
（a）蝶式孔型；（b）扁平式孔型

图2-7　槽钢轧制孔型系
（a）蝶式孔型；（b）直线式孔型

图2-8　工字钢轧制孔型系
（a）直线式孔型；（b）倾斜式孔型

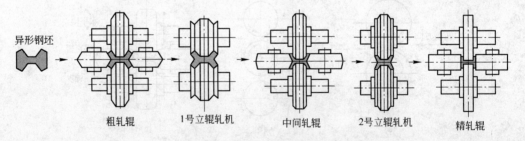

图2-9　宽缘工字钢轧制孔型系

（5）钢板桩。图2-10所示为用直线式孔型轧制直线型钢板桩的例子。

（6）钢轨。图2-11所示为用对角孔型轧制轻轨的例子。

C　轧制操作要点

轧制型钢是一种尺寸和形状要求都远比钢板轧制复杂得多的变形加工过程，另外，还要求产品形状正确、尺寸准确、表面质量好。上述的各种轧制法所用的轧辊孔型是考虑了各种各样的轧制条件而设计的，但是，实际轧制操作中也还会有种种因素对质量产生不良

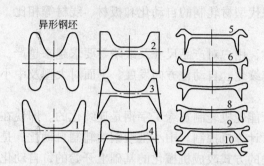

图 2-10 钢板桩（直线型）的轧制孔型系
（1～10 为轧制道次）

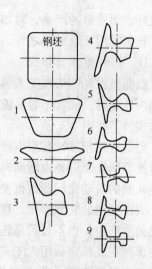

图 2-11 轻轨轧制孔型系
（1～9 为轧制道次）

影响，对这些应给予注意，防止出问题。

型钢轧制操作要点，基本上和棒材、线材轧制相同，但是由于制品形状具有特殊性，就需要对其应特别注意的问题加以叙述。

采用孔型轧制工字钢和槽钢时，将发生如图 2-12 所示的轧辊轴向窜动现象。这种现象是造成尺寸不良、未充满以及耳子和折叠等表面缺陷的原因，所以轧辊轴向调整是极为重要的。

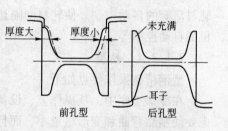

图 2-12 由轧辊窜动引起的轧制现象

导卫装置如图 2-13 所示，轧制时轧件对孔型应经常保持正确的位置，否则轧材歪扭和弯曲，就不能正确成形。

轧制温度也是重要因素，如果在与孔型设计所考虑的温度有显著差别的情况下轧制，将造成腿部宽度不足或者过于肥大而使制品形状变坏，所以，对此必须充分注意。为了得

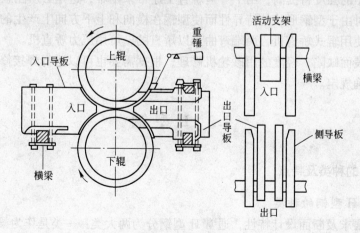

图 2-13 导卫装置

到良好表面质量的产品，对加热或轧制过程中产生的氧化铁皮也要注意消除。采取的办法除了轧制时用轧辊破碎之外，尚需用高压空气和高压水等除鳞。

D　轧制操作自动化

以前型材轧制依靠工人熟练地操作，由于操作技术和产品形状比较复杂，轧件在轧辊孔型内轧制时，确实不容易流动。因此，现代型材轧制的自动化和板材、线材等相比，发展确实慢了些。

但是近几年来，在型钢产量增加的同时，用户对产品尺寸及缺陷等要求越来越严，因此迫使型钢轧制设备也渐渐向着大型化、连续化、自动化方向发展，下面对大型及中小型型钢轧制的自动化问题做概要叙述。

大型型钢的轧制操作，现在只有使用万能轧机轧制宽缘工字钢是连续化的。即使在连续化的生产中，也不过只是轧制过程采用了计算机控制。中小型型钢的轧制自动化，是在从前那种在轧机前后用人工夹钳往轧辊里送的方式改成机械化的基础上开始的，自动化之后已经大量地节省了劳力；尤其是随着电气控制设备的发展、附属设备精度的提高，同时，轧机的串联机列配置等推动了连续轧制的前进。这样一来生产效率就飞速地提高了。另外，端头剪断机、旋转式飞剪等也自动化了。但是，连续轧制中现在还多是手动控制的轧材活套的自动控制、使轧材间隔达到最小限度的自动控制、轧机前后的输送辊道和翻钢机的自动控制等。

2.1.3.4　精整

型钢精整操作要点如下。

在冷却工序中，从操作上、设备上必须考虑要使制品弯曲和变形尽量小，而且不产生废品。冷却时制品的放置姿势如图 2-14 所示。在不对称形状的型钢中，以钢轨为例，钢轨制品在送到冷却床之前逆弯曲，冷却终了时也要设法进行大致的矫直。为了弥补冷却能力的不足，也有用通风或洒水等方式进行强制冷却

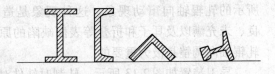

图 2-14　型钢冷却时的放置姿势

的。这时，制品的强度将提高，给下一道矫直工序带来困难，这是必须注意的。

矫直，是对由于型钢形状的特异性而使型钢在横向和上下方向上产生的弯曲进行的修正操作。一般使用辊式矫直机，两端弯曲难以矫直的，可用压力矫直机。

对于制品表面缺陷，轻度的用砂轮机修理，根据需要也可以进行焊接修补，但是这些都有一定的明确规定。

2.2　H 型 钢

2.2.1　H 型钢的种类及特点

2.2.1.1　H 型钢的种类

根据使用要求及断面设计特性，通常 H 型钢分为两大类：一类是作为梁型建筑构件用的 H 型钢，另一类是做柱型（或桩型）建筑构件的 H 型钢。作为梁型构件的 H 型钢，其

高度与腿宽之比为 2∶1 到 3∶1，其规格一般从 100mm×50mm 到 900mm×300mm。作柱型构件的 H 型钢，其高度与腿宽之比为 1∶1，其规格一般从 100mm×100mm 到 400mm×400mm。目前世界上所产 H 型钢的主要种类和规格见表 2-2。H 型钢高度 80～1100mm，腿宽 46～454mm，腰厚 2.9～78mm，单重 6～1086kg/m。

表 2-2　典型 H 型钢的种类和规格

国 别	标 准	种 类	公称尺寸（高度×腿宽）/mm×mm	单重/kg·m⁻¹	断面力学特性值			
					W_z/cm³	I_z/cm	W_y/cm³	I_y/cm
德国	DIN	梁型	(80×46)～(600×220)	6～122	20～3070	3.24～24.3	3.69～308	1.05～4.66
		柱型	(100×100)～(1000×300)	20.4～314	89.9～12890	4.16～40.1	33.5～1090	2.53～6.38
日本	JIS	梁型	(100×50)～(900×300)	9.3～286	37.5～10900	3.98～37.0	5.91～1040	1.12～6.56
		柱型	(100×100)～(400×400)	17.2～605	76.5～12000	4.24～19.7	26.7～4370	2.49～11.1
美国	USS	梁型	(127×127)～(932×423)	27.5～446.5	8.53～1110	2.13～15.2	3～156	1.26～3.83
		柱型	(127×127)～(569×454)	27.5～1086.2	8.53～1280	2.13～8.18	3～527	1.26～4.69
中国	GB	梁型	(100×50)～(900×300)	9.54～286	38.5～10900	3.98～37	5.96～1040	1.11～6.56
		柱型	(100×100)～(400×400)	17.2～605	76.5～12000	4.18～19.7	26.7～4370	2.47～11.1
		桩型	(200×200)～(500×500)	56.7～261	503～6070	8.35～21.4	167～1840	4.85～11.4

2.2.1.2　H 型钢的特点

材料力学的研究表明，衡量一个截面经济性、合理性的标志是这个截面的断面模数和惯性半径，因为这两个数值是衡量一个截面抗弯与抗扭能力的主要指标。

从 $M \leqslant W(\sigma)$ 公式可知，具有相同单重、不同截面的材料，其截面模数大的，则抗弯曲变形能力大，反之则小。同样，从 $M \leqslant \dfrac{J_p}{r}(\tau)$ 公式可知，具有相同单重、不同截面的材料，其惯性半径越大，抗扭能力越大，反之则小。

从节约金属的角度来讲，无论梁型还是柱型型钢，在截面模量相同的条件下，单重越轻就越节约金属。综上所述，H 型钢与工字钢相比有如下特点：

（1）H 型钢比普通工字钢力学性能好，相同单重时截面模数大。这说明 H 型钢比普通工字钢（INP）抗弯能力大，如 IPE270H 型钢与 INP240 普通工字钢相比，抗弯能力大 32%，截面模数 W_x 大 75cm³，与我国 220 普通工字钢相比，W_x 大 104cm³。图 2-15 所示为具有相同单重的 H 型钢与工字钢断面性能比较。

从以上比较可以看出，H 型钢比普型工字钢截面模数大，抗弯能力也大。H 型钢与普通工字钢的断面特性比较如图 2-16 和图 2-17 所示。

（2）H 型钢截面设计比普通工字钢合理。在承受相同载荷的条件下，H

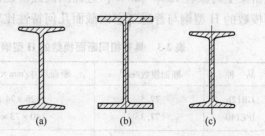

图 2-15　具有相同单重的 H 型钢与工字钢断面性能比较
（a）IPE240，$G=36.2$kg/m，$W_z=354$cm³，$W_y=41.7$cm³；
（b）IPE270，$G=36.1$kg/m，$W_z=429$cm³，$W_y=62.2$cm³；
（c）GB 706—65，$G=36.4$kg/m，$W_z=325$cm³，$W_y=42.7$cm³

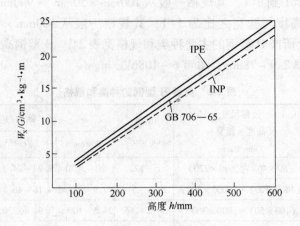

图 2-16　H 型钢与工字钢断面特性比较之一

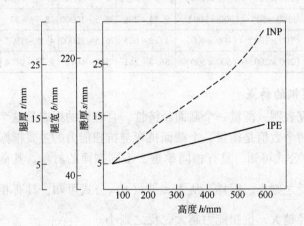

图 2-17　H 型钢与工字钢断面特性比较之二

型钢比普通工字钢可节约金属 10% ~ 15%，在建筑上用 H 型钢可使结构减轻 30% ~ 40%，在桥梁上可减轻 15% ~ 20%，这在国民经济建设中将会收到巨大的经济效益。具有相同断面模数的 H 型钢与普通工字钢截面几何特性比较见表 2-3。

表 2-3　具有相同断面模数的 H 型钢和普通工字钢截面几何特性比较

品　种	断面模数/cm³	断面尺寸/mm×mm×mm×mm	单重/kg·m⁻¹	节约金属/%
GB12b	77.5	126×74×5×8.4	14.2	9.15
IPE140	77.3	140×73×4.7×6.9	12.9	
GB22b	325	270×112×9.5×4.8	36.4	15.65
IPE240	324	240×120×6.2×9.8	30.7	
GB40b	1140	400×144×12.5×16.5	73.8	10.16
IPE400	1160	400×180×8.6×13.5	66.3	

续表 2-3

品 种	断面模数/cm³	断面尺寸/mm×mm×mm×mm	单重/kg·m⁻¹	节约金属/%
GB45b	1500	450×152×13.5×18	87.4	11.21
IPE450	1500	450×190×9.4×14.6	77.6	
GB56b	2446	560×168×14.5×21	115	7.83
IPE550	2440	550×210×11.1×17.2	106	

（3）H 型钢具有造型美观、加工方便、节约工时等优点。H 型钢具有平行的腿部，各种不同规格的 H 型钢可以很方便地组合成许多不同形状和尺寸的构件，而这往往是普通工字钢很难达到的。H 型钢便于进行各种机械加工和焊接作业，这不仅可节约钢材，而且可以大大缩短建设周期。H 型钢在高层建筑、高速公路、飞机停机坪、导弹发射架等巨型建筑上所体现出的经济效益更加显著。图 2-18 所示为 H 型钢与普通工字钢加工构件示意图。

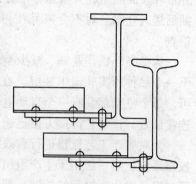

图 2-18　H 型钢与普通工字钢
加工构件示意图

2.2.2　H 型钢轧制生产工艺

2.2.2.1　工艺流程

为生产出质量好、成本低的 H 型钢，首先需要确定一个合理的生产工艺流程。目前各主要 H 型钢厂所采用的工艺流程如图 2-19 所示。

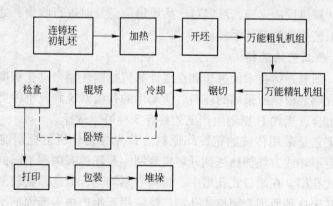

图 2-19　H 型钢生产工艺流程示意图

一般小号 H 型钢多选用方坯，大号 H 型钢多选用异形坯，方坯和异形坯可用连铸坯，也可由初轧直接供给。

钢坯在经过精整和称重后，装入步进式加热炉中加热到 1200 ~ 1250℃出炉。步进式炉大多数采用双绝热滑轨和轴流式烧嘴，可对不同规格钢坯提供最佳的温度控制，并节约燃料。

钢坯出炉后，先用 1800MPa 的高压水除鳞，然后被送入开坯机轧制。开坯机一般为两辊可逆式轧机，在开坯机上需要轧制 7 ~ 13 道左右，然后轧件被送往热锯，热锯只负责切去头尾未成形部分。最后再把轧件送入万能粗轧机轧制，一般轧制数道后送入万能精轧机，轧一道最后成形。这时还要再次切去头尾，并按订货要求把轧件切成定尺长度再送往冷床冷却。由于 H 型钢腿厚与腰厚之比较大，若采用平放，容易因腰腿冷却速度不一致，造成腰部波浪，所以一般多采用立冷。现在多数都采用步进式冷床，这不仅可以减少原来用链式拖运机构造成的缺陷，而且容易控制钢材冷却速度。经过冷却后的 H 型钢被送入矫直机矫直。由于 H 型钢断面模数较大，一般都采用 8 辊或 9 辊式矫直机矫直。矫正辊间距最大可达 2200mm，同时还需用卧矫进行补充矫直。钢材经矫直后被送到检查台检查尺寸、外形和表面质量，并根据标准做出标志，然后按不同等级、不同长度进行分类、堆垛和打捆后送入仓库。对不合格品按再处理品进行重矫后，用冷锯切断或修磨、焊补后再重新检查。

为提高轧机作业率、减少换辊时间，大多数厂采用快速换辊，即在生产的同时预先把下一个品种所需轧辊组装好。在换辊时只要把全部原机架拉出，换上已装好的新机架即可。每个机架都装有一个自动电器接线，以及冷却水、稀油和干油管接头及连接杆的定位连接装置。该装置拆接方便迅速，整个换辊时间约 20min。

为对生产工艺流程进行有效控制，现代化的 H 型钢厂都采用计算机控制。一般是三级控制系统，第一级用于生产组织管理，采用大型计算机进行 DDC 控制（直接数字控制）；第二级是对生产过程的控制，即程序控制，程序控制计算机一般分两线控制，一线控制热轧作业区，一线控制精整作业区；第三级是对每道工序的控制，包括对加热、轧制、锯切等工序的控制，一般采用微型机进行控制。各工序微型机反映的生产信息通过中间计算机反映给各自的程序控制机，经程序控制机汇总分析后反映给中央控制机，中央控制机再根据生产标准要求发出下一步调整和控制的指令。

总之，由于计算机反应迅速，可以对产品质量信息及时进行收集、处理，因此计算机控制是进行生产工艺控制的最佳手段。

2.2.2.2　生产工艺的选择

近几十年来，随着连铸技术的进步和在线计算机控制轧制自动化程度的提高，H 型钢生产工艺也日益成熟。根据所采用的坯料、所采用的孔型系统和轧机种类的不同，可以有多种不同的工艺组合，当代 H 型钢生产工艺共有 5 种可供选择。

第一种生产工艺是采用传统的钢锭作原料。首先在初轧机上把钢锭轧成矩形坯或方坯，然后将这些矩形坯或方坯加热送到开坯机轧制。开坯机有两种不同的孔型系统，即闭口式孔型与开口式孔型。在闭口式孔型中，材料变形均匀，但这需要较多的孔型个数和较长的辊身长度。基于这种原因，闭口式孔型广泛应用于生产中等断面的型钢，而开口式孔型则主要应用于生产具有更大腰宽和腿宽的大断面型钢。若欲采用闭口式孔型轧制大号型钢，则需要两架开坯机才能在技术上取得令人满意的效果。

钢坯在开坯机上被轧成似"狗骨头"状的异形坯，然后被送到由 1~2 架万能可逆粗轧机所组成的万能粗轧机组上轧制。万能轧机水平轧辊的辗轧和立辊的侧压，使异形坯腰厚进一步减薄，腿部变得更加尖扁。通常腿厚的压缩且比腰部厚度压缩量大，这可用轧辊变形区轧件与轧辊的接触长度来解释，因为从动立辊与轧件的接触长度比水平辊与轧件的接触长度要长。在万能箔轧机架上，轧件承受水平辊和立辊很小的压缩，以及轧边机对腿端部的矫正。这种生产工艺如图 2-20（a）所示。

第二种生产工艺是采用连铸矩形坯作原料。它与第一种生产工艺的不同之处在于不需要初轧机，而且第二种工艺生产 H 型钢可以获得比第一种工艺更高的收得率、更好的成品质量和更好的经济效益。这种工艺唯一受到的限制是所生产的 H 型钢腿较宽，因为所用连铸坯的厚度要受连铸机设备条件的限制。连铸坯在型钢厂的轧制工艺与第一种是相同的，具体如图 2-20（b）所示。

第三种生产工艺是采用连铸异形坯作原料。其优势是采用一种或少量几种连铸异形坯就可以生产全部尺寸的 H 型钢，这要在开坯机上采用宽展法才能达到，其孔型可用闭口式，也可用开口式。与前两种工艺相比，这种生产工艺的孔型数目更少。这种工艺的不足是受连铸异形坯腿宽的限制。开坯后的轧制工艺也与前两种方法相同，需经过万能粗轧机组粗轧和万能精轧机组精轧而成形，如图 2-20（c）所示。

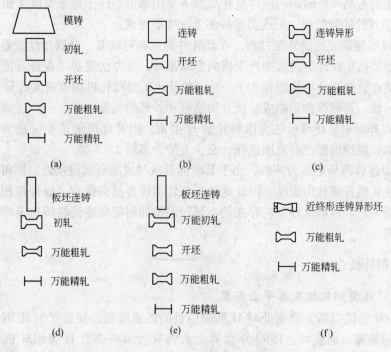

图 2-20　轧制 H 型钢的几种典型工艺

（a）以钢锭为原料；（b）以连铸坯为原料；（c）以连铸异形坯为原料；

（d），（e）以连铸板坯为原料；（f）以近终形连铸坯为原料

第四种生产工艺是采用连铸板坯作原料。以连铸板坯为原料生产 H 型钢比用初轧坯及连铸异形坯更为经济，但这需要在开坯机上设计一个专门孔型。这个孔型与轧钢轨的孔型类似，它具有一定角度的切楔，用以辗轧板坯形成类似"狗骨头"状的异形断面。为此板坯要首先在第一孔进行立轧，以形成所需的腿宽，然后在下一个异形孔中（开口孔或闭口孔）轧成类似"狗骨头"状的异形坯。这种生产工艺比前三种变形更均匀，其优点是仅用一台开坯机加万能粗轧机组加万能精轧机组就可以生产大号 H 型钢。在开坯机上还有一种改造工艺，就是开坯机采用一架万能板坯开坯机，利用其水平辊与立辊成一定角度所形成的侧压可直接轧出"狗骨头"状的异形断面。后面工序与第一种工艺相同，详细如图 2-20（d）和图 2-20（e）所示。

第五种生产工艺是采用具有很薄腰厚的连铸异形坯为原料。这种薄连铸异形坯已接近

成品 H 型钢尺寸，因此它可以直接在万能机组上进行粗轧和精轧，而不再需要开坯机。在这种情况下，提高产量的方向是要求连铸机具有更高的铸速，能铸造出更薄的异形断面。其轧制特点是整个轧制过程变形更加均匀。这种生产工艺如图 2-20（f）所示。

对于上述生产工艺，可以得出如下结论：

（1）若以传统的初轧坯为原料，由于初轧坯为方形或矩形，与成品 H 型钢在外形上无几何相似性，其轧制工艺至少需要两个步骤。首先在二辊式开坯机上将初轧坯轧成"狗骨头"状异形坯，这是必不可少的。但在这个二辊式开坯机的孔型上进行的切楔轧制，由于坯料外形与孔型无几何相似性，在轧制过程中，随着整个断面腿部及腰的形成，坯料即轧件不可避免地要受到剪应力的作用，同时产生金属的横向流动，即宽展。为减少因不均匀变形所造成的金属外形破坏，应尽量在高温下采用每道小压下量来完成从初轧坯到"狗骨头"状异形坯的轧制过程，但这需要较多道次才能完成。

（2）从异形坯到成品的轧制过程，受到轧件温度相对较低、金属塑性变差等条件的限制。首要的是要防止在轧制过程中产生横向金属流动，其办法是必须保证万能机架的驱动水平辊与从动立辊的直径比控制在 3∶1。同时在设计孔型和轧机调整时要保证轧件腿部与腰部的延伸一致，否则将会影响成品尺寸的准确和外形的完整。

（3）若以异形初轧坯或板坯为原料轧制 H 型钢，则开坯机仍是不可缺少的，至于需要几架开坯机，则得根据产品范围选择，至少 1 架，多则 2～3 架。

（4）若以连铸薄异形坯为原料，由于其断面形状与成品断面最接近，则可以不要开坯机，而用万能轧机直接轧出成品，因此这种工艺轧钢设备投资最省，流程最短，是最具有发展潜力的新工艺。目前这种工艺存在的主要问题是如何提高连铸机铸速及产量，以与轧机能力相平衡。

2.2.3 H 型钢轧机

2.2.3.1 H 型钢轧机及其平面布置

20 世纪 60 年代以后，建筑业对 H 型钢用量的迅速增加，促进了 H 型钢厂的兴建和 H 型钢轧机的制造。据统计，1990 年世界上大约有近 100 多套 H 型钢轧机，其中日本最多。

目前世界上 H 型钢轧机的布置方式主要有两类，一类是半连续布置，另一类是全连续布置。采用半连续布置比较典型的是日本川崎公司水岛中型厂，其产品规格为 H100～400mm（H 为 H 型钢高度），主要设备包括两架二辊式开坯机、四架万能轧机和两架轧边机，其布置如图 2-21 所示。

全连续布置方式是最先进的，其典型厂有美国 1970 年建成的宽边 H 型钢厂、德国萨克公司的中型厂和日本 1972 年投产的君津大型厂。君津大型厂产量最高，工艺设备最先进，其生产规格为 100～500mm，主要设备有 4 架二辊式粗轧机组、7 架万能轧机及 4 架轧边机，轧机平面布置图如图 2-22 所示。

作为 H 型钢轧机的主体设备，万能轧机近年来发展很快，大有取代老式二辊或三辊轧机的趋势。万能轧机可分为两类：一种是普通型材及 H 型钢联合轧机，另一种是专用 H 型钢轧机。以第一种为最多，它可生产许多品种，生产灵活性大，不仅可生产 H 型钢，还可生产重轨、圆钢、方钢、槽钢和板桩等。

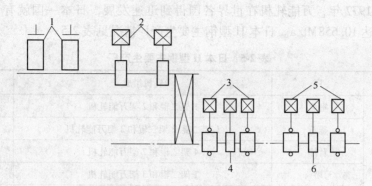

图 2-21 水岛中型厂车间布置图

1—加热炉；2—开坯机；3，5—万能轧机；4，6—轧边机

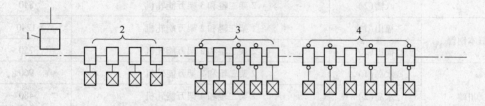

图 2-22 全连续 H 型钢轧机平面布置图

1—加热炉；2—开坯机组；3—万能粗轧机组；4—万能精轧机组

据不完全统计，到 1998 年世界共有万能轧机约 103 架，其分布情况见表 2-4。

表 2-4 世界万能轧机分布情况

国家和地区	万能轧机数量/架	国家和地区	万能轧机数量/架
美国	18	埃及	1
日本	21	伊朗	1
德国	7	尼日利亚	2
英国	5	津巴布韦	1
法国	4	捷克	2
卢森堡	3	马来西亚	1
比利时	2	印度	1
加拿大	3	波兰	2
瑞典	2	西班牙	1
南非	1	挪威	1
澳大利亚	2	中国(包括台湾)	5
意大利	3	其他	7
巴西	2	合 计	103
前苏联	5		

从 1960~1977 年，万能轧机在世界各国得到迅速发展，日本一国就有 16 家 H 型钢厂，生产能力达 10.658Mt/a。日本 H 型钢主要生产厂情况见表 2-5。

表 2-5　日本 H 型钢主要生产厂

公　司	厂	轧机组成	年产/kt
新日铁	室兰	1 架二辊和 2 架万能轧机	360
	釜石	1 架二辊、2 架三辊和 2 架万能轧机	526
	君津	4 架二辊和 7 架万能轧机	960
	堺	1 架二辊和 3 架万能轧机	1032
	广畑	2 架二辊和 2 架万能轧机	960
	八幡(1)	3 架二辊和 4 架万能轧机	263
	八幡(2)	2 架二辊和 3 架万能轧机	840
日本钢管	福山(1)	1 架二辊和 2 架万能轧机	1240
	福山(2)	2 架二辊和 2 架万能轧机	750
川崎	水岛(1)	2 架二辊和 2 架万能轧机	960
	水岛(2)	2 架二辊和 4 架万能轧机	480
	葺合	3 架二辊和 2 架万能轧机	360
住友金属	鹿岛	1 架二辊和 2 架万能轧机	804
托比工业	丰桥	8 架二辊和 2 架万能轧机	620
东京钢	冈山	2 架二辊和 2 架万能轧机	300
大阪钢	大阪	8 架二辊和 4 架万能轧机	204

1985 年以后，随着 X-H 轧法技术的过关和成熟，世界上又建设了不少采用 X-H 轧法的万能轧机。1984 年以来新建和改建万能轧机的厂家达 14 个。

近年来万能轧机在结构上有了很大改进。过去机架牌坊大部分是左右布置，这种左右式牌坊在轧制时要承受很大的拉应力，这就要在制造牌坊时尽力提高牌坊刚度，以克服因承受拉应力而引起的牌坊的弹性弯曲，所以牌坊一般做得又高又笨。近年来一些厂开始采用具有前后牌坊的新式机架，这种前后牌坊则完全可以避免老式牌坊的缺陷，大大降低机架高度及地沟深度，因而厂房高度降低，明显地减少了建厂投资。

同时在压下装置上也有很大改进，旧式轧机是采用压下（或压上）螺丝调整压力，弹跳大，轧制尺寸精度低。而新式轧机采用偏心调节系统并引入压力，这样机架随着弹性变形的减小，轧制压力也容易控制，轧件尺寸精度也提高了。轧机偏心调节机构原理示意图如图 2-23 所示。20 世纪 80 年代以后，更多的是采用液压电动机代替机械调整孔型，即通过液压 AGC 系统实现对轧件尺寸的自动调整。其采用的数模为：

$$h = s + \frac{F}{M} + c \qquad (2-1)$$

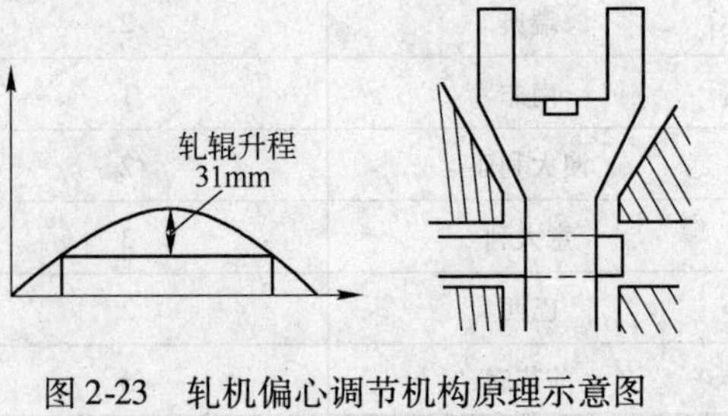

图 2-23　轧机偏心调节机构原理示意图

式中 h——有负荷时辊缝；

    s——无负荷时辊缝；

    F——轧制压力；

    M——轧机模数；

    c——常数。

2.2.3.2 H型钢轧机所用轧辊

从 1968 年开始，日本等国开始采用镶套组合轧辊生产 H 型钢，用于万能轧机水平辊和立辊。经生产实践证明，效果很好。自 1972 年后，几乎所有 H 型钢轧机的轧辊全部采用组合结构。组合轧辊的辊芯是锻钢的，万能粗轧机轧辊外套则采用铸钢，万能精轧机轧辊外套多采用球墨铸铁，也有采用碳化钨的，但它需进行电加工。镶套用离心法浇铸，浇铸后要经过热处理。工艺要求镶套内外层要具有不同的硬度，一般外层硬度大于肖氏 55，内层硬度为肖氏 36 ~ 42。对镶套性能的要求是：外套 σ_b 为 4500 ~ 5690kPa，δ 为 0.2% ~ 1.0%。

加工好的辊芯和辊套是采用冷缩装配或黏结的，其冷缩装配应力 σ 按下式计算：

$$\sigma = \frac{b^2 \rho^2}{c^2 - b^2}\left(1 + \frac{c^2}{v^2}\right) P_c \tag{2-2}$$

$$P_c = \frac{EK}{2bc^2}(c^2 - b^2) \tag{2-3}$$

式中 c——套外径；

    b——套内径；

    ρ——辊套材质的密度；

    v——弹性泊松比；

    E——杨氏弹性模量；

    K——冷缩装配系数；

    P_c——接触应力。

据有关资料介绍，从 1968 年起到 1980 年，日本共生产 1484 个镶套组合辊，经 31 家轧钢厂使用，只有 4 个辊套破裂。采用镶套轧辊的轧出量比整体辊高 50% ~ 80%，轧辊消耗降低 70%。镶套轧辊外层成分（质量分数）为：C 1.8% ~ 3.0%，Si 0.6% ~ 1.5%，Mn 0.6% ~ 1.5%，Ni 1.5% ~ 5.0%，Cr 0.6% ~ 2.0%，Mo 0.3% ~ 1.3%，属于高硬度半钢；其内层成分为：C 1.0% ~ 1.8%，Si 0.5% ~ 2.0%，Mn 0.2% ~ 1.0%，Ni 0.1% ~ 1.0%，Cr 0.1% ~ 1.0%，Mo 0.1% ~ 1.0%，属于石墨铸钢。这种轧辊除可分体生产外，还可整体复合铸造生产，即采用离心铸造法制造，先铸外层并在其未凝固之前铸入内层，使其内外层成为一个整体。

2.3 棒线生产

2.3.1 棒线材的种类及用途

一般将轧制钢材分为板、管、型材等几类产品。棒线材从产品形状和生产特点来划分，属于型材的范围。棒线材是一种简单断面型材，棒材（bar）一般是以直条状交货，线材（wire rod）一般以盘卷状交货。棒材的品种按断面形状分为圆形、方形、六角形或其他异形的直条钢材。线材也有以上的几种断面形状，只不过断面面积较小。棒线材的断面形状最主要的还是圆形。

国外通常认为，棒材的断面直径是 9 ~ 300mm，线材的断面直径是 5 ~ 40mm。国内在生产时约定俗成地认为：棒材断面直径是 10 ~ 50mm，线材的断面直径是 5 ~ 9mm。为了满足国民经济发展的需要，我国常用的线材产品规格已扩大到 10 ~ 20mm，先进的工业国家已扩大到 42mm。棒线材的分类及用途见表 2-6。

表 2-6　棒线材的分类及用途

钢　种	用　途
一般结构用钢材	一般机械零件、标准件
建筑用螺纹钢筋	钢筋混凝土建筑
优质碳素结构钢	汽车零件、机械零件、标准件
合金结构钢	重要的汽车零件、机械零件、标准件
弹簧钢	汽车、机械用弹簧
易切削钢	机械零件和标准件
工具钢	切削刀具、钻头、模具、手工工具
轴承钢	轴承
不锈钢	各种不锈钢制品
冷拔用软线材	冷拔各种钢丝、钉子、金属网丝
冷拔轮胎用线材	汽车轮胎用帘线
焊条钢	焊条

棒线材的用途非常广泛，除建筑用螺纹钢筋和线材等产品可以被直接应用为成品外，一般都要经过深加工才能制成成品。深加工的方式多种多样，有锻造、拉拔、挤压、回转成形和切削等。为了便于深加工，有的还要在加工之前进行酸洗、退火等处理。为保证加工后产品的综合力学性能，有的还要进行回火、渗碳等热处理。

2.3.2　棒线材轧制工艺流程与特点

棒线材的断面形状简单，用量巨大，适于进行大规模的专业化生产。

除断面尺寸较大的棒材产品，棒线材轧机一般为小型轧机。从钢坯到成品，轧件的总延伸非常大，轧制道次较多。现代化的棒材车间机架数一般多于 18 架，线材车间的机架数还要更多。线材的特点是断面尺寸小，长度高，尺寸精度和表面质量要求高。为提高产量，需要增加坯料单重，但增加坯料单重导致轧件长度增加，轧制时间延长，从而造成轧件头尾的温差较大，如果对温度等变形参数不能很好地控制，会造成轧件头尾尺寸公差和组织、力学性能不一致。所以，为提高产品质量，线材轧机一般配备控制轧制、控制冷却装置，用以提高产品的尺寸精度和组织性能。

棒线材的坯料现在各国都以连铸坯为主，对于某些特殊钢种有使用初轧坯的情况。目前使用的棒线材坯料断面形状一般为方形，边长为 120 ~ 180mm，坯料的长度可达 22m。

对质量要求严格的钢材，常采用超声波探伤、磁粉和磁力线探伤等进行检查和清理，必要时进行全面的表面修磨。棒材产品轧制后可以探伤和检查，表面缺陷还可以清理。但是线材产品以盘卷交货，轧后难以探伤、检查和清理，因此，线材对坯料的要求更为严格。

现代化的棒线材轧机，轧制速度很高，轧制中的温降较小，最后几道的轧制还可能出现升温，所以棒线材坯料加热温度一般较低。坯料加热要防止过热和过烧，要尽量减少氧化铁皮。对于现代化的棒线材生产，加热炉一般采用步进式加热炉，由于坯料较长，炉子较宽，为保证温度均匀，防止热量散失，坯料一般采用侧进侧出的方式。为适应热装热送和直接轧制的发展需要，有的生产厂还配备有电磁感应加热、电阻加热等加热方法。

为提高生产效率和经济效益，现代化的棒线材生产一般采用连轧的生产方式。孔型中轧制，轧件需要变换加工方向，即需要对轧件翻转。对于水平布置的轧机，翻钢由扭转导卫完成。由于棒线材生产轧制速度快，扭转会造成轧件表面的划伤，还会影响轧制的稳定性。所以，现代棒线材轧机，其布置形式一般采用平、立交替的布置方式。

2.3.3 棒线材生产线主要设备

小型轧机种类繁多，轧机的类型和布置方式多种多样，当前在运行的主要是连续式、半连续式和横列式小型轧机。总的来说，国外主要产钢国家的小型轧机总数量在逐渐减少，目前以新建优质高产的新型连续式、半连续式轧机为主，改造更新旧轧机，淘汰一些落后的横列式轧机。有些20世纪50~60年代建设的连续式、半连续式轧机也由于其技术含量低、产品质量低而被淘汰。企业内的轧机实行产品合理分工，轧机形式、生产能力多层次存在，以提高产量和质量，降低成本，适应市场的需要。

2.3.3.1 连续式小型轧机

连续式小型轧机是当今世界上最为流行、用得最多的一种小型轧机。典型的连续式小型轧机生产车间如图2-24所示。

连续式小型轧机的年产量在300~600kt之间。所用的坯料规格为（130mm×130mm）~（150mm×150mm），也有160mm×160mm，甚至180mm×180mm，坯料单重1.5~2.5t。

轧制线多为平-立交替布置，实现全线的无扭转轧制，以利于提高产品的表面质量。

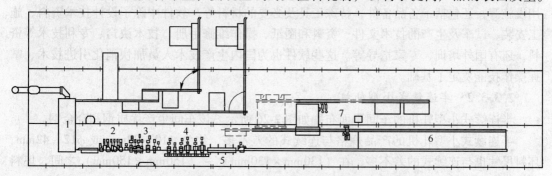

图2-24　HF-HX钢铁有限公司连续小型车间平面布置

1—步进式加热炉（80t/h）；2—粗轧机组（6架悬臂式轧机，φ685mm/510mm，H/V布置）；3—中轧机组
（6架φ470mm短应力线轧机，H/V布置）；4—精轧机组（6架φ370mm短应力线轧机，H/V布置）；
5—水冷装置；6—96m×10.5m步进式冷床；7—精整设备（冷定尺剪、短尺收集系统、
自动计数装置、打捆机和收集台架）

机架的多少按照一个机架轧制一道的原则确定。轧机多为偶数道次组合，对于不同的坯料规格和成品尺寸有 18 架、20 架、22 架，甚至 24 架的小型轧机，但轧制线由 18 个机架组成的小型轧机是当今最典型的碳素钢小型轧机。

速度可调、微张力和无张力轧制是现今连续式小型轧机的明显特点。粗轧和中轧的部分机架为微张力控制，中轧的部分机架和精轧机组为无张力控制，机架之间设有气动立式上活套，以实现无张力轧制，保证产品的尺寸精度。活套的多少与产品的规格、孔型设计都有关系。连续式轧机一般设置 6~10 个活套，甚至有的多达 12 个活套。

高速线材轧机采用连续式布置方式。有单线、双线和多线之分。图 2-25 所示为马钢高速线材厂工艺平面布置图。

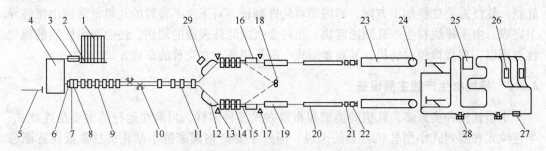

图 2-25　马钢高速线材厂工艺平面布置图

1—步进式上料台架；2—钢坯剔废装置；3—钢坯秤；4—组合式步进加热炉；5—钢坯推钢机；6—钢坯夹送辊；

7—分钢器；8—钢坯卡断剪；9—7 架水平二辊式粗轧机；10—飞剪；11—4 架水平二辊式中轧机；

12，16—侧活套；13，17—卡断剪；14—4 架平-立紧凑式预精轧机；15—飞剪及转辙器；

18—碎断剪；19—10 架 45°无扭精轧机组；20—水冷段；21—夹送辊；22—吐丝机；

23—斯太尔摩运输机；24—集卷筒；25—成品检验室；26—打捆机；

27—电子秤；28—卸卷机；29—废品卷取机

马钢高速线材厂是我国第一家全套引进高速线材轧机的生产线，也是引进高速线材轧机技术、装备比较成功的一例。该轧机引进时，在设备选型上充分考虑了设备的先进性、经济性和实用性，并且在引进硬件的同时引进了软件。硬件中除了全套生产主辅设备、公用设施等，还包括了备品备件，特殊工具及必要的材料等。软件中除了设计技术资料、施工安装、试车及生产的技术文件、资料和图纸、操作维修手册、技术诀窍、专利技术等资料，还有国外培训、专家指导等。这些软件也为国内生产技术人员加快消化引进技术、掌握操作技能奠定了基础。

2.3.3.2　半连续式小型轧机

半连续式小型轧机的车间平面布置如图 2-26 所示。该车间生产优质钢和合金钢。

半连续式小型轧机的产品规格与连续式的差不多，约为 $\phi 10~32mm$ 或 $\phi 12~42mm$，坯料尺寸也与连续式的差不多，在（$130mm \times 130mm$）~（$150mm \times 150mm$）之间，坯料单重约在 1t 左右，年产量在 150~300kt 之间。

连续式和半连续式的差别主要在粗轧机，其他如加热炉、中轧机、精轧机、冷床和精整设备都差不多，只是半连续式的产量比较低。

半连续式小型轧机的粗轧机多为一架或两架二辊式轧机，采用箱形共轭孔型轧制。半连续式小型轧机粗轧机的另一种形式是机架横移的二辊可逆式轧机，这种轧机只能单根轧

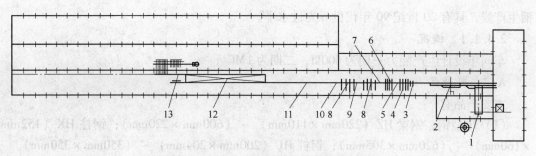

图 2-26　半连续式小型轧机的车间平面布置

1—加热炉；2—粗轧机；3，5，7，9，10—飞剪；4—第一中轧机组；6—第二中轧机组；

8—精轧机组；11—水冷器；12—冷床；13—冷剪

制，轧机的产量受到限制。

2.3.3.3　横列式小型轧机

图 2-27 所示为一个典型的横列式小型轧机的车间平面布置图。

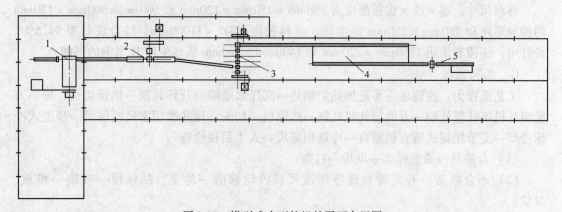

图 2-27　横列式小型轧机的平面布置图

1—推钢式加热炉；2—φ400mm 三辊轧机；3—φ250mm 横列式精轧机；4—单齿条步进式冷床；5—冷剪

横列式轧机轧线一般由一架或两架三辊式 φ400mm 轧机和一列 5 架 φ250mm 轧机组成，在轧后仅有简易的冷床、冷剪和简易收集台架。多数横列式小型轧机采用边长 55～70mm 的小方坯，产品为 φ12～25mm 的圆钢和螺纹钢。年产量在 20～100kt 不等。

横列式轧机轧制的基本特征是有扭转轧制，终轧速度一般不超过 6～8m/s。速度低，轧件头尾温差大，产品尺寸精度低。

由于坯料的规格小、单重小、收得率低，产品规格少，尺寸精度差，这些横列式轧机所固有的缺点无法克服，特别是使用小规格坯料，无法使用连铸坯，因此，在连铸技术的推动下，淘汰或者改造现有横列式小型轧机是生产发展的必然。

2.4　型线轧制生产线实例

2.4.1　H 型钢轧制生产线实例

马钢 H 型钢生产线是目前我国规模最大、自动化程度最高、技术装备最先进的 H 型钢生产线，具有 20 世纪 90 年代世界先进水平。

2.4.1.1　概况

车间年设计生产能力一期为 600kt，二期为 1Mt。

A　主要产品

主要产品有：

（1）H 型钢，钢梁 HZ（220mm×110mm）～（600mm×220mm）；钢柱 HK（152mm×160mm）～（620mm×305mm）；钢桩 HU（200mm×204mm）～（350mm×350mm）。

（2）普通型钢，工字钢 250～560mm，槽钢 200～400mm，角钢 160～200mm，L 型钢 250～400mm，球扁钢 200～270mm，钢板桩（400mm×44.5mm）～（400mm×150mm）。

产品定尺长度通常为 6～15m，最长为 25m。主要钢种为碳素结构钢、低合金结构钢、桥梁用结构钢、船体用结构钢、矿用钢及耐候钢。

B　坯料

坯料尺寸：宽×高×腹板厚度为 750mm×450mm×120mm 和 500mm×300mm×120mm 两种异形坯和 380mm×250mm 矩形坯。坯料长度 4200～11000mm，综合成材率 94.5%。设计中，还留有采用 1250mm×220mm 和 1400mm×220mm 板坯生产 H 型钢的可能。

C　工艺流程

工艺流程为：连铸坯→步进加热炉加热→高压水除鳞→开坯轧制→热锯切头、尾→万能粗轧机组往复轧制→万能精轧机轧制→热锯机→切头、尾并锯切定尺或倍尺→步进式冷床冷却→变节距辊式矫直机矫直→冷锯切定尺→人工目视检查→

（1）合格品→涂色标志→堆垛→打捆；

（2）不合格品→补充矫直或冷锯改尺或砂轮修磨→称重、贴标牌→收集→堆放、发货。

马钢 H 型钢车间工艺布置示意图如图 2-28 所示。

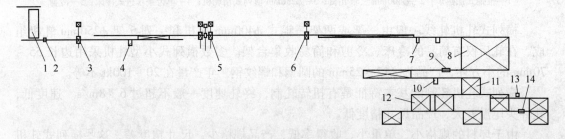

图 2-28　马钢 H 型钢车间工艺布置示意图

1—步进式加热炉；2—高压水除鳞装置；3—二辊可逆式开坯机；4—切头热锯机；5—万能粗轧机组；
6—万能精轧机；7—定尺热锯机；8—步进式冷床；9—变节距辊式矫直机；10—定尺冷锯机；
11—检查台架；12—堆垛台架；13—改尺冷锯机；14—压力矫直机

2.4.1.2　主要工艺特点

A　异形坯轧制 H 型钢

20 世纪 80 年代以来，随着异形坯连铸技术的不断发展，生产 H 型钢越来越广泛地采用异形坯作原料。与板坯及矩形坯相比，异形坯的断面形状接近 H 型钢，因此，它具有以下优点。

（1）开坯道次减少。采用异形坯和板坯时开坯道次及生产节奏的比较见表 2-7。由表 2-7 可以看出，异形坯开坯道次明显减少，生产节奏加快，因此开坯机不会成为整个生产线的"瓶颈"。同时，由于轧制时间缩短，轧件温降小，一般可使轧件温降减少 100℃，轧制力降低 30%，轧制能耗减少 20%。

表 2-7　采用异形坯和板坯时开坯道次及生产节奏的比较

品种规格 /mm×mm	1250mm×220mm 板坯		1400mm×220mm 板坯		750mm×450mm×120mm 异形坯	
	开坯道次	生产节奏/s	开坯道次	生产节奏/s	开坯道次	生产节奏/s
HZ500×200	23	185			7	63
HZ600×200	27	210			7	65
HK500×300			31	225	7	61
HK600×305			27	189	7	56

（2）综合成材率提高。异形坯腹板厚度 120mm，轧成进入万能轧机所需的坯料厚度（大规格 H 型钢通常为 40~50mm）时，由于轧件变形小，轧制中产生的头、尾"舌头"短，因而切头、切尾短。因此，马钢全部采用异形坯生产 H 型钢。随着"近终形"连铸技术的飞速发展，用于 H 型钢轧制的异形坯腹板厚度也越来越薄，国外已开发出腹板厚度仅为 50mm 的异形坯轧制 H 型钢新技术。

B　3 机架可逆连轧

马钢 H 型钢生产线共建有 1-3-1 布置的 5 台轧机，即 1 架二辊可逆开坯轧机，2 架组合式万能轧机和 1 架二辊可逆轧机组成的粗轧机组，1 架组合式万能精轧机。粗轧机组 3 架轧机串联布置，轧边机布置在 2 架万能轧机中间，机架间距 6m，各由 1 台主电机拖动，机架间实行微张力控制。这种布置方式较 2 台万能粗轧机跟踪布置，设备间距小，作业线短，节省了设备与厂房投资，这种布置方式产量较高，每往复一次可提供 2 个万能道次，减少了往复次数，缩短了粗轧机的轧制节奏，轧件温降小，具有生产轻型薄壁钢材的可能性。由于开坯机轧制异形坯，粗轧机组采用串联布置可逆轧机，因而轧机生产能力富余较大，已具有年产 1Mt 的能力。

C　灵活的精整工艺

型钢精整工艺一般有定尺精整和长尺精整两种。定尺精整是将热轧件锯切成所需的定尺长度，然后进行冷却，矫直等后部处理。而长尺精整是将热轧件直接进行冷却、矫直，再锯切成所需的定尺长度。长尺精整由于轧件长，冷却时冷床利用率高；矫直时咬入次数少，因而产生的弯头、尾少，产量高，且矫直质量好；锯切时可成排锯切，且轧件冷缩小，能得到较高的定尺精度。但是，锯切冷材时锯片磨损加快，消耗较多。考虑上述因素，设计中采用了定尺精整与长尺精整相结合的工艺，既可以利用热锯切定尺，然后冷矫直，又可以用热锯将轧件二等分，各 60m 长，冷却、矫直后用冷锯成排锯切成定尺，具有很大的灵活性。

2.4.1.3　主要设备

A　加热炉

加热炉为步进梁式炉，炉子有效长 30m，宽 11m，加热能力为 200t/h，加热温度为

1250℃，燃料为高炉、焦炉混合煤气，吨坯热耗仅为 1.30GJ。

　　B　开坯轧机

　　开坯机为二辊水平轧机，轧辊直径为 $\phi1200/\phi900mm$，最大辊环直径 $\phi1450\ mm$，辊身长度 2800mm，由 1 台 5500kW 交流电机驱动，交-交变频调速。其特点为：

　　（1）上、下辊均设有电动压下、压上装置，正常轧制时下辊固定，上辊压下。换品种或使用较小直径的轧辊时，压上装置能迅速将下轧辊调整到位。

　　（2）上辊提升行程达 1650mm，具有使用 1400mm×220mm 板坯立轧生产 H 型钢的可能。

　　（3）下轧辊可手动轴向调节，调节量 ±8mm，有利于孔型调整。

　　（4）机前、机后均设有带翻钢钩的推床，可以在任何道次移钢或翻钢。

　　（5）采用轧辊牵引小车和横移台车结合的换辊方式，一次换辊时间仅为 25min。

　　C　万能轧机

　　组合式万能轧机共 3 架，2 架用于粗轧机，1 架用于精轧机，粗轧机各由 1 台 5500kW、精轧机由 1 台 2150kW 交流电机驱动，交-交变频调速，轧制 H 型钢时，万能轧机作为万能机架使用，带有 2 个水平辊和 2 个立辊，对轧件的腹板和翼缘四面碾压，水平辊直径为 $\phi1400/\phi1300mm$，立辊直径为 $\phi900/\phi810mm$，立辊辊身长度为 430mm 或 340mm。轧制普通型钢时，万能轧机转换成二辊机辊，即不带立辊，只有 2 个水平辊，对轧件孔型轧制，轧辊直径为 $\phi900/\phi810mm$，辊身长度 1400mm。轧机具有以下特点：

　　（1）机架为开轭式结构。换辊时，立辊横轭向上摆动打开，4 个旧轧辊从操作侧由牵引小车拖至横移台车上，然后将新轧辊推入机架，实现辊系快速更换，而无需更换整个机架，换辊时间仅为 30~45min。

　　（2）轧制中心线高度固定。轧机上、下轧辊均有电动压下或压上，轧制中心线高度固定为 +1045mm，不同规格 H 型钢和同规格 H 型钢不同道次的轧件，其翼缘高度是变化的。轧制中心线与轧机前后辊道辊面高差也必须是变化的，因此，轧机前后辊道设计成升降辊道和摆动辊道，调节辊面高度，可防止轧制过程中的中心偏差。

　　（3）轧辊轴向动态调整。万能轧机设置了液压驱动的上轧辊轴向动态调整装置，调整量为 ±5mm。轧机调零后，可以测量和存储上探头至上辊轴及下探头至下辊轴的距离，轧制过程中立辊若失去平衡而引起上辊或下辊的窜动，上辊通过液压装置与下辊同步调整，从而保证上、下腹板对中，并控制腹板和翼缘的尺寸。

　　（4）"无间隙"导卫。轧制 H 型钢时，粗轧机组各机架前、后均设有上、下两块腹板导卫导引轧件的腹板，腹板导卫升降由电机驱动，轧制过程中随腹板厚度的变化与上、下水平辊同步升降，粗轧机组机架间还设有可升降的带有侧边板的中间导槽，与腹板导卫一起，在整个粗轧机组中形成了"无间隙"的导卫系统，轧制过程中不会发生撞击，提高了轧件表面质量，减少了导卫磨损。

　　（5）AGC 厚度控制。万能精轧机的上水平辊压下螺丝与横梁之间、两个立辊的压下与轴承座之间设有液压装置，根据具体轧制情况，同时控制 3 个辊缝，可生产出高精度的产品。

　　（6）万能轧机压下螺丝通过横梁对轧辊轴承座施加压力，压下螺丝中心距为

1950mm。但是，万能机架和二辊机架的横梁与轴承座之间压块的中心距不同，二辊机架时压块中心距为2170mm，万能机架时为1750mm，这样，既保证了二辊轧制的辊身长度，又使万能轧机轧辊挠度减小，刚度增大。

D 锯机

整个生产线共设有5台锯机，其中切头热锯1台、定尺热锯2台、定尺冷锯1台、改尺冷锯1台。锯片直径均为$\phi2200/\phi2000$mm，锯片厚度14mm。其特点为：

（1）锯片旋转线速度为14m/s，驱动电机斜置在锯机底座上，通过伞齿轮及主传动轴带动锯片，锯片由液压装置锁紧在传动轴上。锯片进钻由液压驱动，进锯速度在10～300mm/s内根据锯切阻力由比例阀调节。当轧件断面较大、锯切阻力高时，进锯速度慢，反之，进锯速度快。

（2）锯机带有轧件夹紧装置，在上下及前后4个方向夹持轧件，锯切时不会产生剧烈振动，从而保证了锯切精度，提高了锯片寿命。

（3）为了提高成品的定尺率，根据轧件轧出长度和定尺长度，在定尺热锯和定尺冷锯上选择锯切方式，控制移动锯和定尺机的位置，以实现最佳锯切。

E 冷床

设计选用的冷床为液压驱动的步进梁式冷床，其长度为38.5m、宽度为60m，分成24m和36m两组，两组冷床可连动，也可分动。热轧件在冷床上冷却后，温度降至80℃以下。该冷床有如下特点：

（1）冷床入口侧设有H型钢翻立装置。在将H型钢从辊道移至冷床的同时，此装置将H型钢由卧式翻转90°，呈立式在冷床上冷却，将两个冷却速度较慢的翼缘呈上下两面暴露在空气中，减小了相邻H型钢翼缘间的热辐射，加快了翼缘的冷却速度，使腹板和翼缘的冷却速度得以同步，减小了残余热应力。冷床出口侧的翻倒装置将H型钢重新由立式翻成卧式。

（2）冷床步距可调。为了使不同规格的H型钢能得到合适的间距，提高冷却能力，步进梁的步进距离可根据规格大小进行调整，最大步距为630mm。

（3）为提高冷床的小时产量，在冷床出口侧设有风机，必要时对轧件强迫风冷。

F 辊式矫直机

辊式矫直机为悬臂辊环式，共有7个水平工作辊和2个水平导辊，上4下5布置，辊子之间的水平距离为1200～2200mm，最大可矫直钢材截面模量为1244cm³，矫直机有以下特点：

（1）节距可变。根据矫直理论，不同截面模量的钢材需用不同的矫直辊距才能得到最佳的矫直效果。矫直机各矫直辊之间的水平距离和垂直距离均可调。调整水平距离时，下方中间辊不动，其余8个辊子以此为基准调节，调节范围900～1250mm；调整垂直距离时，4个上辊不动，下辊升降，调节范围0～350mm。此外，为调整矫直孔型，各工作辊均可轴向调整，调节行程为±40mm；为调整矫直线高度，满足各种规格钢材的需要，矫直机可整机架升降。

（2）4个上辊分别由4台220kW直流电机单独驱动，下辊则为从动辊，矫直速度为0～2～4m/s。

（3）矫直机入口侧设有喂钢装置，此装置为1对直径$\phi260$mm的夹持立辊。立辊能够进行开口度为 0~750mm 的水平运动，也能够进行行程为 800mm 的升降运动，还能够进行向左、向右均为 0~115° 的旋转运动，以夹住翘曲的钢材头部，将其喂入矫直机。

2.4.2　线材轧制生产线实例

2.4.2.1　概况

于 2003 年 5 月投产的柳州钢铁（集团）公司高速线材生产线是利用原 650 车间（1999 年改造为全连续棒材轧机，即"一棒"；与高线工程配套的一棒加热炉区域改造后于 2002 年 3 月投产）部分闲置厂房扩建而成的。设计年产量 400kt，产品为 φ515~φ1610mm（φ2510mm）线材和 φ610~φ1610mm 热轧带肋钢筋盘条（预留在线淬火自回火线），钢种有碳素结构钢、优质碳素结构钢、低合金钢、焊条钢、冷镦钢、弹簧钢等。全线共 28 架轧机，呈单线全连续布置，主轧线布置在 +4.5m 高架平台上。精轧机组为 MORGAN 10 机架"VEE"型高速无扭机组，最高轧制速度 120m/s。柳钢高线车间总体布置如图 2-29 所示。

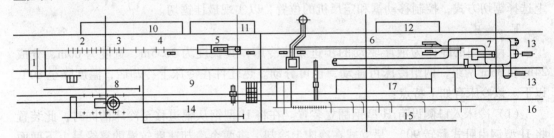

图 2-29　柳钢高线车间总体布置

1—加热炉；2—粗轧机组；3—中轧机组；4—预精轧机组；5—精轧机组；6—斯太尔摩线；7—积放式悬挂输送机；
8—高线钢坯跨；9—轧辊加工间；10—主控楼；11—辊环加工间；12—2 号电气室；13—高线成品库；
14—棒材钢坯库；15—棒材主轧跨；16—棒材成品库；17—棒材主电室

2.4.2.2　主要设备技术参数

主要设备技术参数为：

（1）1 座上下加热步进梁式加热炉，侧进侧出料，最大产量为 120t/h，有效长 20000mm，内宽 10672mm。步进梁最小步进周期为 36s。

（2）轧机组成及主要技术参数见表 2-8。

表 2-8　轧机组成及主要技术参数

机组名称	机架号	轧机规格 /mm	轧辊（辊环）尺寸/mm			主电机		
			最大直径	最小直径	辊身长	形式	额定转速/r·min⁻¹	额定功率/kW
粗轧	1H	φ550	φ610	φ495	800	DC	600/1300	500
	2V	φ550	φ610	φ495	800	DC	600/1300	500
	3H	φ550	φ610	φ495	800	DC	600/1300	500
	4V	φ450	φ480	φ420	700	DC	600/1300	500
	5H	φ450	φ480	φ420	700	DC	600/1300	500
	6V	φ450	φ480	φ420	700	DC	600/1300	500

| 机组名称 | 机架号 | 轧机规格/mm | 轧辊(辊环)尺寸/mm | | | | 主电机 | |
			最大直径	最小直径	辊身长	形式	额定转速/r·min⁻¹	额定功率/kW
中轧	7H	$\phi400$	$\phi420$	$\phi360$	650	DC	600/1300	600
	8V	$\phi400$	$\phi420$	$\phi360$	650	DC	600/1300	500
	9H	$\phi400$	$\phi420$	$\phi360$	650	DC	600/1300	600
	10V	$\phi400$	$\phi420$	$\phi360$	650	DC	600/1300	500
	11H	$\phi400$	$\phi420$	$\phi360$	650	DC	600/1300	600
	12V	$\phi400$	$\phi420$	$\phi360$	650	DC	600/1300	600
	13H	$\phi400$	$\phi420$	$\phi360$	650	DC	600/1300	600
	14V	$\phi400$	$\phi420$	$\phi360$	650	DC	600/1300	600
预精轧	15H	$\phi285$	$\phi285$	$\phi255$	95	DC	600/1300	600
	16V	$\phi285$	$\phi285$	$\phi255$	70	DC	600/1300	600
	17H	$\phi285$	$\phi285$	$\phi255$	95	DC	600/1300	600
	18V	$\phi285$	$\phi285$	$\phi255$	70	DC	600/1300	600
精轧	19 号~23 号	$\phi230$	$\phi228.38$	$\phi205$	71.7	AC	850/1700	6300
	24 号~28 号	$\phi160$	$\phi170.66$	$\phi153$	57.3			

（3）吐丝机形式为倾斜式，倾角 20°，设计速度为 150m/s，产品最大规格为 $\phi25mm$，平均线圈直径为 $\phi1075mm$。震动值设定为：0.10mm 报警，0.15mm 停机。

（4）斯太尔摩辊式延迟型运输机，分 9 段，辊道线速度为 0.1~2.0m/s。冷却风机有 11 台，离心式，风量 154000m³/h，静压约 3050Pa（即约 305mmH₂O）。在第 1~第 5 冷却段处（对应 1 号~10 号风机）分别设有"佳灵"装置，共 10 套。

（5）WWJ6 宽推杆积放式悬挂输送机，全线长 450m，共有 50 个 C 形钩（C 形钩长 4150mm），牵引链速度为 15m/min。

2.4.2.3　工艺方案的主要特点

根据产品定位和工程选址，车间平面布置解决了现有、扩建厂房的衔接与利用，实现"一棒"、高线两条生产线的物流顺畅和公用设施的充分共用，兼顾拟建的 100t 转炉钢厂、第二棒材线（以下简称"二棒"）的总平面布置和物料运输。

A　工艺特点

工艺特点为：

（1）精轧机组、夹送辊和吐丝机从摩根公司成套引进，全线自动化系统由西门子公司负责，其余设备均由国内设计、供货。

（2）采用 160mm×160mm 大断面连铸坯，以增强高线、棒材轧机坯料的共用性。

（3）通过全面分析轧机高架式和地坪式布置方案的利弊，最后选择了高架式布置，标高为 +4.5m，比国内常见的降低了 500mm。高线主轧跨的利旧厂房占该跨总长约 60%，起重机轨面标高 +8.5m，主轧跨扩建部分起重机轨面标高 +14.0m，在与旧厂房衔接部位设置 12m 长的轨道交错段，以避免吊运死区。

（4）全线 28 架轧机平立布置，实行单线无扭轧制。粗、中轧机组采用新一代闭口式机架，立式轧机为下传动。

（5）控制冷却部分采用西门子的自动控制系统，以及武汉钢铁设计院与柳钢共同开发的控制冷却程序，可以实现水箱的开环或闭环控制。

（6）为适应棒、线两类钢材的明显差别，并便于钢坯管理和生产组织，将"一棒"和高线的钢坯库分开独立设置，轧辊间和高线钢坯库布置在长、宽有限的同一跨内，设计时尽可能扩充了轧辊间面积，并通过增加垛位层高来弥补钢坯库面积的不足。由于坯料供应属公司内部运输，运输调度可以调剂仓库存量，且随着转炉钢厂建成后钢坯热送比的提高，高线钢坯库存量将能够满足车间生产要求。

（7）高线综合水处理系统承担高线、"一棒"（现有）、"二棒"（拟建）3套轧机的净、浊环水处理任务，共享了资源，节约了用地和人力。

B　主轧线平面布置特点

主轧线平面布置特点为：

（1）加热炉与粗轧机组脱开布置，中间增设1段自由辊道（保温辊道），这不仅可满足建设或预留无头轧制钢坯焊接机组的需要，同时有利于加热缺陷钢坯和粗轧轧废钢坯的处理及出炉钢坯的高速除鳞与均温。随着对加热炉温度场的准确控制、高线轧机精轧速度稳步提高和坯料断面的增大，从前试图将进入粗轧机组的钢坯尾部留在炉内补温的设想，变得无关紧要，因而高线生产已逐渐不采用加热炉与粗轧机组紧邻布置的方式。

（2）单线高线轧机主轧跨的典型跨度为24m，20世纪90年代初建设的天钢、湘钢高线的主轧跨操作侧与传动侧约按13：11进行跨度分割，这种挤压传动侧、凸现操作侧的方案是为了便于粗中轧稀油润滑系统在操作侧的地坪下布置。20世纪90年代中期筹建的宝钢高线轧机，将主轧跨操作侧与传动侧按10.5：13.5进行跨度分割，则是为了布置复杂冗长的减定径机组（RSM）传动机列。而实践证明：在不影响轧机操作的前提下，适当增加传动侧设备的检修维护空间，给传动侧高架平台下的流体系统和管线布置留有更大余地，并且将粗中轧稀油润滑系统（包括半地下式的中间回油系统和布置在地坪上的主循环系统）布置在轧机传动侧，将主轧跨操作侧与传动侧按12：12或11.5：12.5分割，这种方案更为优越。柳钢高线主轧跨为原有旧厂房，跨度仅为30m，这在国内单线高线轧机中绝无仅有。设计选用了操作侧宽13m，传动侧宽17m，这是为了优先考虑加热炉上料系统和PF线的合理布置。这明显不同于摩根公司以往的设计思路，为此对其提供的基础资料进行了必要的调整：

1）扩宽吐丝机两侧人行走道。原设计中，夹送辊、吐丝机和斯太尔摩线操作侧和传动侧的宽度均为4000mm，吐丝机上下游操作平台高差为1475mm，吐丝机中心线两侧基础宽各4000mm，包括人行走道宽各1000mm。该区域故障频繁、管线密布，且存在甩钢伤人隐患，为此将人行道移至基础外侧，同时将操作侧、传动侧的人行道分别加宽至1300mm、1500mm。

2）扩宽斯太尔摩线入口段辊道的操作侧平台。根据国内高线生产厂实际经验，将此操作侧平台的基础和平台宽度由4000mm增至5300mm，上、下平台的钢斜梯向下游顺移。

3）适当调整斯太尔摩线冷却段两侧平台的宽度。现冷却段两侧平台宽度均为4000mm，操作侧略显宽松，传动侧过于拥挤。若将传动侧宽度增加300～500mm，则更合适。但柳钢高线斯太尔摩线传动侧需布置 PF 线,平台不宜增宽。

4)扩宽集卷筒端部平台。原设计中,集卷筒中心线与操作平台端部钢梁间距离为2000mm,端部平台实际宽度仅 1200mm。根据国内生产经验,集卷筒上部平台一般设置 2 ~3 名操作工,过窄的操作空间给辅助集卷、故障处理、人员通行带来不便。为此,将集卷筒 +4.3m 操作平台端部整体向外拓宽 1000mm。

C PF 线布置特点

柳钢高线成品库为 2 跨利旧厂房,跨度分别为 30m 和 21m,起重机轨面标高限定了成品库的盘卷堆垛层数和单位面积荷载。为尽可能地提高成品库的存放能力,对 PF 线的布置进行了优化,同时也充分考虑了 PF 线上盘卷的散热要求,热辐射对相邻电缆(桥架)及"一棒"主电室的影响,现有横穿厂房的"一棒"电缆沟对新增设备基础、管沟、操作室的影响,现有主厂房柱、柱基、柱间支撑对 PF 线柱、梁布置的影响等。

2.4.3 棒材轧制生产线实例

马钢新建的 600kt 棒材生产线,其关键设备轧机从意大利 POMINI 公司引进,电气及自动化控制系统由瑞典的 ABB 电气公司提供,是具有 20 世纪 90 年代先进水平的全连续式棒材生产线。目前该生产线已经顺利投产。

2.4.3.1 生产工艺介绍

A 原料及产品大纲

生产线所需的原料为 140 mm ×140mm 或 150 mm ×150mm,长 12000 ~16000mm 的连轧坯或连铸坯。钢种为普通和优质碳素结构钢、低合金结构钢、弹簧钢和轴承钢等。棒材生产线产品大纲见表 2-9。

表 2-9 棒材生产线产品大纲

序 号	品 种	标 准	规格/mm	年产量/kt
1	圆 钢	GB 702—86 GB 13013—91	$\phi12 \sim 15$	20
			$\phi16 \sim 20$	15
			$\phi21 \sim 25$	15
			$\phi26 \sim 30$	52
			$\phi31 \sim 40$	30
			$\phi41 \sim 60$	15
2	螺纹钢	GB 1499—91 GB 13014—91	12 ~14	55
			16 ~20	90
			22 ~25	120
			28 ~32	110
			36 ~50	85
3	方 钢	GB 702—86	14 × 14	20
			16 × 16	
			18 × 18	
			50 × 50	
4	扁 钢	GB 704—88	3 × 56	
			100 × 25	

B　工艺流程简介

棒材轧制生产线采用连铸坯或连轧坯为原料。粗、中、精轧均采用引进于意大利 PO-MINI 公司的短应力线无牌坊轧机，18 架粗、中、精轧机采用平立交替布置，实现无扭轧制。小规格螺纹钢应用切分轧制技术，精轧机中的部分立辊轧机采用平立可转换轧机，以适应切分轧制的需要。全部轧机由交流变频电机单独驱动。粗、中轧采用微张力轧制，精轧采用立活套无张力轧制。螺纹钢采用控冷技术。整个生产线采用计算机进行自动控制，实现从原料到成品收集的全自动化。棒材轧制生产线工艺流程如图 2-30 所示。

2.4.3.2　主要工艺设备特点

A　工艺技术先进

该生产线采用了较完整的棒材轧制先进生产技术，具体为：

（1）为提高综合成材率和节能降耗，采用大断面的连轧坯或连铸坯，并用低温轧制技术。

（2）为提高孔型的共用性，减少轧辊和导卫的备件数量，粗轧机组采用了平辊轧制工艺。

（3）为提高产品轧制精度，该轧制线采用全连续平立交替布置，实现无扭轧制，轧机采用意大利 POMINI 双支撑、无牌坊短应力线高刚度轧机，粗、中轧采用微张力控制；精轧采用无张力轧制。

（4）为减少轧制道次，提高轧制效率，在轧制小规格螺纹钢时采用了切分轧制技术。

（5）为改善产品的力学性能，应用了先进的控冷技术。

（6）为提高产品的定尺率，采用了最佳剪切系统，剪切棒材可以按成品定尺的倍尺长度进行冷床冷却。

B　高刚度的红圈轧机

棒材生产线轧机由 18 架"红圈"轧机组成，"红圈"轧机即短应力线轧机。采用平立布置，其中第 14、第 16 架采用平立可转换轧机，可根据孔型设计的要求，任意转换成平式或立式轧机。为保证轧制产品所需要的大延伸、小宽展的要求，需要采用较小辊径的轧辊，但在传统的牌坊式轧机中辊径小不仅降低了轧辊强度，同时降低了轧机的刚度。为此，新型短应力线轧机即该车间所采用的"红圈"轧机。取消了轧机的牌坊，采用 4 根大螺栓来连接轧辊，缩短了轧机的应力线，从而提高了轧机的刚度。所以在相同辊径条件下，"红圈"轧机的弹跳值远远低于传统牌坊轧机。另外，该"红圈"轧机采用了其他先进技术，进一步改善了轧机的性能，具体为：

（1）采用浮动轴承座平衡轧辊的弯曲，避免了辊径轴承的边缘载荷。

（2）短而粗的压下螺丝保证了轧机的刚度和强度。

（3）轴承座紧凑，保证机架更换方便。

（4）轧机采用 4 列滚柱轴承，由轴承支承的载荷大大高于辊径载荷。

（5）采用了合理的止推轴承承担轴向载荷。

（6）轴承采用液压平衡来保证产品头尾尺寸的一致。

（7）水平及立辊机架结构一致，可以任意互换，减少了备件品种和备件量。

（8）平衡调节辊缝，压下装置位于轧机的顶部，可以防止氧化铁皮和水的渗入。

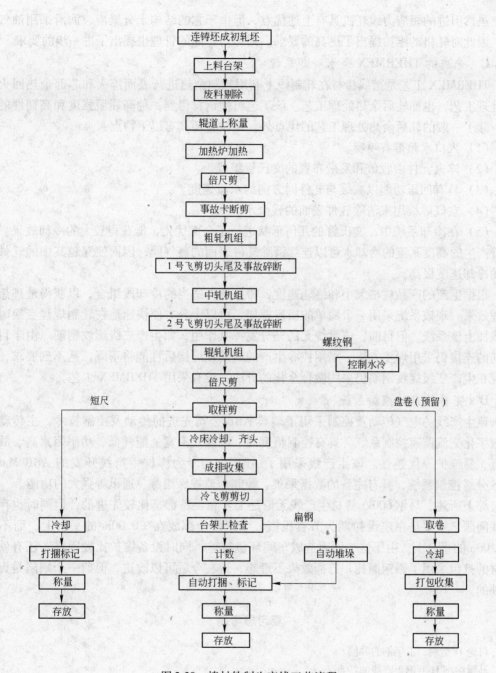

图 2-30 棒材轧制生产线工艺流程

（9）立式机架的传动机构位于轧机的顶部，可避免接手传动轴、减速箱、套筒接手由于水和氧化铁皮的进入而造成的损坏。

（10）接手有自动对中装置。

（11）轧辊的冷却水、干油、稀油管线配置有快速接头、操作台上显示设定的辊缝值，从第 11 号机架到第 18 号机架有快速换机架装置，可实现同时快速更换机架，接轴托架有自动对中装置可实现接手和辊颈的自动啮合，以上装置为快速换辊创造了条件。

虽然引进的短应力线轧机具有上述优点，但由于它的结构十分紧凑，润滑采用油气润滑，因此对轧机的维护提出了更高的要求。同样对车间的管理也提出了进一步的要求。

C　先进的 THERMEX 穿水冷却系统

THERMEX 工艺是指线棒材在轧制线上利用轧制余热进行表面淬火和芯部余热回火的热处理工艺，也即轧后余热处理工艺。该工艺可使钢材得到一种高屈服强度和高韧性的性能。除了一般的轧后余热处理工艺的优点外，该设备还具有以下特点：

（1）入口水箱带有喷嘴。

（2）淬火元件由收敛和发散布置的文氏管组成。

（3）具有回压功能以减缓与轧件同方向的水流速度。

（4）空气障板用来清除轧件表面的残余水。

（5）在冷却系统中，文氏管的几何形状进行了全面优化，能获得较大的冷却效果。文氏管产生的高度紊流的冷却水可以连续清除轧件表面的蒸气膜，因而使穿越其中的轧件表面的冷却速度极高。

根据生产的产品规格大小和终轧速度，需要选择适当的冷却段组合，以获得最理想的处理效果。现该系统采用一个简单的横段框架，可以十分方便快速地在轧制规程变换时移开或加上该系统。但目前，该系统无法充分发挥其作用，如生产三级螺纹钢筋。由于目前钢筋的连接仍采用焊接方法，采用控冷生产的钢筋在焊接后性能将下降，达不到要求，所以现在生产三级螺纹钢筋仍采用微合金化的方法，没有采用 THERMEX 工艺。

D　完善的自动控制系统

该生产线的电气传动及控制采用了瑞典 ABB 公司先进的传动及控制技术，主传动为全数字化交流调速控制系统，具有控制精度高、调速范围宽、能耗低、功率因素高、故障率低、易维护等优越性。该生产线采用了 ABB 公司专为棒材生产线开发的 ABB Master RNS 分级控制系统，具有完备的数据采集、控制、监视、跟踪、通讯等强大的功能。

综上所述，马钢 600kt 棒材生产线无论是工艺和设备都是比较先进的，但同时也存在一些问题，主要是在建设初期为节省投资，生产线全部放在 ±0.00m 的平台上，而不是 +5.00m 的平台上。由于这一原因造成车间环境较差，同时设备维护比较困难。还有就是钢材的打包采用了圆钢捆扎，打捆效果不理想，这在今后可以改进，但前一个缺陷是无法弥补的。

复习思考题

2-1　讨论 H 型钢、工字钢的异同。

2-2　马钢中型 H 型钢生产线的特点。

2-3　讨论棒线生产工艺的特点和区别。

2-4　论述柳钢线材工艺概况和特点。

2-5　简述马钢棒材生产工艺和设备，有什么问题。

3 板带轧制生产及实例

3.1 板带钢生产特点及技术要求

3.1.1 板带钢生产特点

板带钢产品外形扁平，宽厚比大，单位体积的表面积也很大，这种外形特点带来其使用上的特点：

（1）表面积大，所以包容覆盖能力强，在化工、容器、金属制品、金属结构等方面都得到广泛应用；

（2）可任意剪裁、弯曲、冲压、焊接成各种制品构件，使用灵活方便，在汽车、航空、造船及拖拉机制造部门占有及其重要的地位；

（3）可弯曲焊接成各类复杂断面的型钢、钢管、大型工字钢、槽钢等结构件。

由于以上特点，板、带钢被称为"万能钢材"。

板、带材的生产具有以下特点：

（1）板、带材是用平辊轧出的，所以改变产品规格较为简单容易，调整操作方便，易于实现全面计算机控制和进行自动化生产；

（2）带钢的形状简单，可成卷生产，且在国民经济中用量最大，所以必须而且能够实现高速度的连轧生产；

（3）由于宽厚比和表面积都很大，所以生产中轧制压力很大，可达数百万至数千万牛顿，因此轧机设备复杂庞大，而且对产品厚、宽尺寸精度和板形以及表面质量的控制也变得十分困难和复杂。

3.1.2 板带钢技术要求

对板带材的技术要求具体体现为产品的标准。板、带材的产品标准一般包括有品种（规格）标准、技术条件、试验标准及交货标准等。根据板、带材用途的不同，对其提出的技术要求也不一样，但基于其相似的外形特点和使用条件，其技术要求仍有共同的方面，归纳起来就是"尺寸精确板形好，表面光洁度高"。这两句话指出了板带钢主要技术要求的 4 个方面：

（1）尺寸精度高。尺寸精度主要是厚度精度，因为它不仅影响到使用性能及连续自动冲压后部工序，而且在生产中的控制难度最大。此外厚度偏差对节约金属影响也很大。板、带钢由于 B/H 很大，厚度一般很小，厚度的微小变化势必引起其使用性能和金属消耗的巨大波动。所以在板、带钢生产中一般应力争使用高精度轧机以及按负公差轧制。

（2）板形要好。板形要平坦，无浪形瓢曲才好使用。例如，对普通中厚板，其每米长度上的瓢曲不得大于 15mm，优质板不大于 10mm，对普通薄板原则上不大于 20mm，因此对板、带钢的要求是比较严的。但是由于板、带钢既宽且薄，对不均匀变形的敏感性又特别大，所以要保持良好的板形就很不容易。板、带越薄，其不均匀变形的敏感性也越大，保持良好板形的难度也就越大。显然，板形的不良来源于变形的不均匀，而变形的不均匀又往往导致厚度的不均匀，因此板形的好坏往往与厚度精确度有着直接的关系。

（3）表面质量好。板、带钢是单位体积的表面积最大的一种钢材，又多用做外围构件，所以必须保证表面的质量。无论是厚板还是薄板，表面皆不得有气泡、结疤、拉裂、刮伤、折叠、裂缝、夹杂和压入氧化铁皮，因为这些缺陷不仅损害板制件的外观，而且往往败坏性能，或成为产生破裂和锈蚀的发源地，成为应力集中的薄弱环节。例如，硅钢片表面的氧化铁皮和表面的光洁度就直接败坏磁性，深冲钢板的氧化铁皮会使冲压件表面粗糙甚至开裂，并使冲压工具迅速磨损，至于对不锈钢板等特殊用途的板、带，还可提出特殊的技术要求。

（4）性能要好。板、带钢的性能要求主要包括力学性能、工艺性能和某些钢板的特殊物理或化学性能。一般结构钢板只要求具备较好的工艺性能，例如，冷弯和焊接性能等，而对力学性能的要求不很严格。对甲类钢钢板，则要保证性能，要求有一定的强度和塑性。对于重要用途的结构钢板，则要求有较好的综合性能，除要有良好的工艺性能、一定的强度和塑性以外，还要求保证一定的化学成分，保证良好的焊接性能、常温或低温的冲击韧性，或一定的冲压性能、一定的晶粒组织以及各向组织的均匀性等。

除了上述各种结构钢板以外，还有各种特殊用途的钢板，如高温合金板、不锈钢板、硅钢片、复合板等，它们或要求特殊的高温性能、低温性能、耐酸耐碱耐腐蚀性能，或要求一定的物理性能（如磁性）等。

3.2　中厚板轧制生产工艺

3.2.1　厚板定义

厚板是相对于薄板的一种称呼，一般是指在热轧钢板中比较厚的板材。在日本，一般习惯把厚度在 3~6mm 的钢板称为中板，厚度在 6mm 以上的钢板称为厚板，厚度在 3mm 以下的钢板称为薄板。

厚板都是在平辊上热轧出来的，一般分为以下两种：用厚板专用轧机轧成的和用带材热轧机做成钢卷后切割而成的。

厚板主要用于造船、桥梁、建筑、大型容器、电机、钢管、车辆、工业机械等部门，作为重工业原材料得到非常广泛的应用。

用途和加工方法不同，对厚板产品的质量要求也不同。最近由于焊接技术的发展，各工业部门广泛采用焊接方法，随之对钢板提出了焊接性能好的特殊要求。

随着各工业部门技术的发展，根据用途对钢板提出了更多、更高的质量要求，因而对厚板进行热处理就更普遍了。

3.2.2　生产工序与平面布置

从订货到产品出厂的有代表性的工艺流程，可以概括成为如图 3-1 所示的顺序，在厚板车间里包括了从坯料加热到出厂的一系列处理过程。

从用途来说，厚板和其他品种相比，尺寸规格繁多，而大量轧制同一品种的情况是非常少的。所以，除了在配置生产设备时必须考虑使设备能够高效率生产多种规格的产品

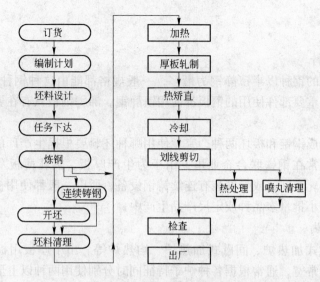

图 3-1 厚板生产工艺流程

外，在接受订货时，也应注意产品规格，以便于尽可能地批量生产。厚板车间的主要设备有加热炉（或均热炉）、轧机、矫直机、剪切机以及热处理设备等。

厚板生产过程简要地说，就是首先将板坯或钢锭在加热炉或均热炉里加热，然后在轧机上轧成所要求的尺寸和形状。轧完的钢板经过热矫直机把轧制中产生的歪扭矫平。矫平后的钢板送往冷床，使上下面均匀冷却。而后进行表面检查、定尺划线、长度剪切、宽度剪切及尺寸检查等工序，最后发货。根据需要还要进行热处理和喷丸清理等工序。图 3-2 所示为厚板车间平面布置的一例。

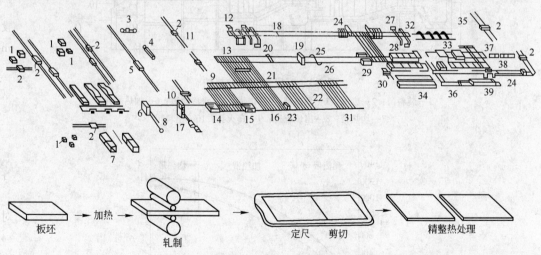

图 3-2 厚板车间平面布置

1—板坯；2—台车；3—轧辊车床；4—轧辊磨床；5—轧辊台车；6—二辊初轧机；7—间歇式加热炉；8—齿轮机室；9—冷床；10—热板台车；11—在线修理厂；12—堆垛吊车；13—剪板机；14—十五辊矫直机；15—四重式矫直机；16—冷床；17—四辊轧机；18—地面；19—墙头剪切机；20—划线装置；21，22，31—冷床；23—热剪；24—定尺剪切机；25—定尺机；26—圆盘剪；27—切头机；28—正火炉；29—双边剪；30—输送辊道；32—龙门式自动气割机；33—九辊矫直机；34—回火炉；35—翻板机；36—辊压淬火；37—喷丸清理；38—分货吊车；39—淬火炉

3.2.3　生产工艺

3.2.3.1　坯料

厚板坯料使用的钢种以半镇静钢为最多，一般规格都能由这种钢种制成。锅炉钢板、高强度钢板及其他重要部件使用的钢板都使用镇静钢。沸腾钢板只在要求特别严格的冲压成形性时才使用。

坯料按形状分成钢锭和板坯两种，究竟使用哪种坯料要根据生产厂的设备运转条件及生产品种决定。通常在钢铁联合企业里，由于为生产厚板、热轧薄板及其他各种轧制坯料，设有公用的初轧车间，或者安装有连续铸钢设备，所以一般都使用初轧板坯或连铸板坯。钢锭主要用于小批量多品种或定尺产品生产中。

3.2.3.2　加热

加热炉有连续式加热炉、间歇式加热炉、均热炉等。出于厚板用板坯和成品尺寸一样，其尺寸范围非常宽，通常根据各种炉子特征同时分别使用两种以上形式的加热炉。

连续式加热炉有如图3-3所示的炉型。坯料从装料口装入，在其中连续地通过预热带、加热带和均热带，被从炉子侧壁和上下方设置的喷嘴喷出的燃烧气体加热到规定温度后，从炉子的出料口出来。大部分厚板车间均设置这种适于大量生产的炉子。图3-4所示为连续加热炉中200mm×1600mm×2100mm板坯升温曲线。

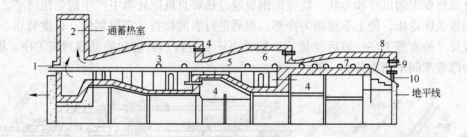

图3-3　五段式连续加热炉

1—装料门；2—废气；3—预热带；4—烧嘴；5—水冷轨道；6—加热带；
7—均热带；8—出炉辊道；9—窥火孔；10—出料门

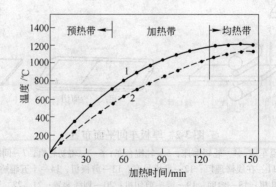

图3-4　连续加热炉中200mm×1600mm×2100mm板坯升温曲线

1—表面温度；2—坯厚一半处温度

间歇式加热炉是坯料在炉内固定位置加热的炉子。由于坯料尺寸、加热速度和升温曲线等条件的限制，间歇式炉不适于大批生产，而只适于连续式加热炉不能加热的大型坯料、小型坯料、特殊钢等。它是辅助连续加热炉的一种炉子。

均热炉主要用于钢锭加热，现在厚板生产中用得不太多。

厚板用加热炉的加热操作要点是：根据钢种种类，在一个合适的加热温度下将坯料内外均匀加热，加热中生成的氧化铁皮很薄，容易除去。

最近，加热炉上备有各种最新的计量仪表，可以进行自动控制，通过调节空气和燃料流量自动地控制炉内的温度。

3.2.3.3 轧制

在加热炉中按给定温度加热的坯料，经过一系列的操作工序后轧成厚板。轧制工序是厚板生产中的主体工序，轧制的好坏，对厚板质量影响非常大。也就是说，设备的特征及操作管理状况等都极大地左右着厚板的尺寸精度、平直度等。

以前轧制厚板是用三辊式轧机进行的，为了提高质量和产量，现在已经使用四辊式的可逆轧机了，而且为了提高生产能力，从单机架已发展到采用单、多机架的复合形式了。日本现正在普及二辊可逆式或四辊加四辊可逆式复合式的两机架轧机。厚板轧制操作大体分为除鳞、展宽轧制、精轧、板厚测量等工艺过程。

以下将对这些工艺进行概要说明。

A 除鳞

加热和轧制过程中在坯料上生成鳞皮，如果任其存在，就会造成厚板表面缺陷，所以轧制前必须完全除去。除去坯料表面上的鳞皮，一般用鳞皮消除装置喷出高压水，或在轧机上给予小压下量而除去。再有，轧制中间发生的鳞皮，可用高压水或蒸汽除去。

B 展宽轧制

轧制坯料与成品的关系如图 3-5 所示，可见，只在坯料的长度方向上进行轧制时，得不到制品需要的宽度。因此，沿长度方向轧制前，先把坯料回转 90°，使坯料的宽度轧到等于成品宽度为止。这种轧制称为展宽轧制。用钢锭做部分坯料的车间里，进行展宽轧制之后，要利用竖辊轧制使轧材的侧面光滑。

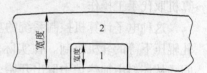

图 3-5 轧制坯料和成品的关系
1—材料；2—制品

C 精轧

展宽轧制后的轧件再转 90°，沿长度方向轧制到给定的厚度。图 3-6 所示为由厚板轧机出口侧看上去的精轧情况。

精轧时必须设法使之不产生弯曲和波浪，因此，最主要的是按照压下次序、压下量、轧制道次等规定的轧制图表进行轧制，另外，必须设法使轧材总是由轧机中心通过，并且把轧制终了温度控制在适当范围内。

近年来，对造船用钢板及大直径的管道用钢板的强度和低温韧性提出了越来越高的要求。

图 3-6 精轧情况

对此，除了多添加些合金元素，或者进行热处理外，只能用正在广泛应用的控制轧制的方法达到这些性能要求。

这种轧制法是靠把轧制终了温度控制到比较低的温度下完成的。它是把坯料轧到某一种厚度，利用水冷装置、除鳞装置或者空冷到规定温度后，再重新进行最后的轧制。和一般轧制相比，其主要问题是生产效率低。另外，从冷却角度来看，50mm 以上的厚板不能进行控制轧制，这时只能用热处理方法。

D　板厚测量

板厚测量在精轧后马上进行，根据板厚一般分别选用 γ 射线或 X 射线测量仪及热态测微计。

E　轧制操作自动化

厚板轧制生产的产品品种是多种多样的。由于轧制条件经常变动，维持一定的板厚精度是比较困难的，又由于操作是一件复杂的事情，所以轧辊压下和厚板制造工序自动化的意义是很大的。近年来，各钢铁公司都在考虑进行研制和引进自动化设备。

下面就其中的主要事项做些概要说明。

a　计算机控制系统

厚板轧制时，由于必须在同一台轧机上生产多种规格的产品，为了得到规定尺寸的制品，操作者必须技术熟练和有丰富的经验。

生产量比较小时，人的能力在某种程度上还是可以达到目的的。在产量增加、生产率（t/h）要求很高的情况下，总是用手工操作已经是不可能的了，希望进一步提高产品质量，轧制效率也是不可能的。另外从用户对制品的质量要求（尺寸公差、形状、材质）很严这一角度来看，仅用以前那种手工操作也是适应不了的，所以目前正在逐渐地用电子计算机取代手工操作。

这种电子计算机控制系统的功能包括：使坯料动作的各种设备随动系统的运转控制和轧辊压下等的轧机控制。在实际应用中尚存在着一些问题，但是最近新建的厚板轧制车间，从坯料由加热炉中取出开始，经除鳞装置再到轧制、矫直、进入冷床为止的工序均可以自动运转，采用计算机可以期待得到节省人力、提高生产率、提高质量和成品率等效果。

b　自动板厚控制（AGC）

厚板机列的自动运转中，轧机的压下控制规模最大，也最复杂，其中纵向上的板厚控制，成了控制板材轧制的基础，所以现在大部分车间都采用了 AGC 系统。

由于轧制中坯料加热不均匀（轨道处水冷造成的黑印、局部过烧等），轧制条件变化（速度、温度等）等因素，使得轧制力变化，而产品在长度方向上的尺寸就随之发生变化。为了防止这些变化，就需要使用 AGC 系统。

图 3-7 所示为厚板精轧时的 AGC 控制系统。在这里预先给定辊缝，材料由此通过时，根据轧件原始厚度变化而轧制载荷随之变化这一原理，把这个轧制载荷变化情况，通过轧机上附设的测力传感器检测出来，再根据它的大小来驱动压下电机，使辊缝也随之改变。

图 3-8 所示为 AGC 系统用于精轧机前后，钢板在纵向上的厚度变化情况。由此可见，AGC 系统对控制板厚精度，效果是非常明显的。

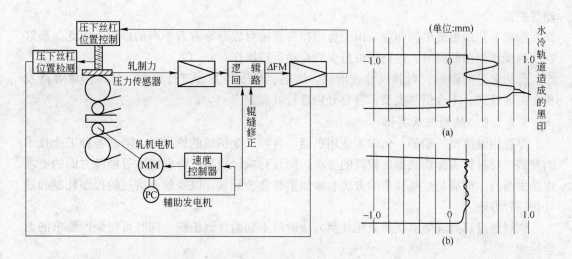

图 3-7　厚板精轧时的 AGC 控制系统

图 3-8　AGC 效果实例
（a）没使用 AGC 的情况；（b）使用 AGC 的情况

3.2.3.4　矫直、冷却

轧制后的钢板平直的很少，多数是带些波浪的。在钢板从轧机送到矫直机之间冷却到适当的温度后，在热矫直机上进行矫平。通常，热矫直在 650～800℃ 温度范围内进行。图 3-9 所示为二辊式及四辊式矫直方式。矫直后，为了避免钢板继续形成热偏差，要立刻送到冷床上用空气将上下面冷却到下一工序可以处理的温度。

图 3-9　矫直方式
（a）二辊式；（b）四辊式

3.2.3.5　定尺、剪断

在冷床上冷却结束的钢板，要对其表面上的缺陷及形状等进行检查，划线、定尺、打印厂标、规格、尺寸、货号等，打印完了送去剪切。图 3-10 所示为轧制厚板进行表面检查的情况。

按定尺切断钢板，这种切断方法有机械剪切和气割两种。机械剪切的最大厚度为 40mm，切除钢板头部和尾部使用的是端头剪切机、剪切两边边屑的剪边机（包括圆盘剪）和按定尺长度切断的定尺剪切机。在配置上，它们彼此间留有一定距离。气割是在机械剪切不能进行的厚板切断时所采用的，作为切割机来说，主要使用龙门式自

图 3-10　厚板表面检查的操作情况

动气割机。

　　剪切工艺是重复单调作业。由于剪切损失直接对成品率有着不利的影响，因此，最好在明确操作指令的同时，进行损失最少的自动运转操作。

　　剪切完了的钢板，对其尺寸、形状、缺陷、材质等方面进行检查，分为合格等待发货、需要修理、不合格等类型，各自分别进行处理。

3.2.3.6　热处理及其他

　　厚板用做桥梁、船舶、化学工业用机器、各种工业机械的原材料。随着各种工业技术的发展，对材料表面质量提出较高的要求，而且对减轻质量、降低成本等经济方面的要求也越发强烈。能满足这些要求的方法有添加多种合金元素，以及前面讲过的控制轧制和热处理三种方法。

　　钢材通过热处理能够获得只用轧制方法所得不到的金属组织，同时可得到所要求的力学性能。

　　厚板热处理方法有淬火、回火、正火等。根据厚板性能要求，可用淬火加回火、正火加回火、正火等种类。所用的热处理炉有正火炉、淬火炉与回火炉等。

3.3　热轧带钢轧制生产工艺

3.3.1　热轧薄板定义

　　薄钢板一般称为普通薄钢板，它和厚板、棒材一样，是需要量最大的品种之一。一般认为，薄钢板是指厚度在4mm以下的钢板，按其制造工艺不同，可分为热轧薄板和冷轧薄板。

　　热轧薄板，以前在二辊不可逆式轧机上生产，用手工一片一片地轧制薄板坯，而现在是在高精度、高效率的带材轧机上轧制。

　　这种带材轧机近年来逐渐向大型化发展。以前在厚板轧机上生产的规格，现在在这种轧机上都已经能生产了，一般生产板厚规格为 1.6～16.0mm，特殊情况为 1.0～2.0mm，板宽为 750～1600mm，最大可以达到 2100mm。

　　热轧钢板的形状可分为卷状钢带和片状钢板两种。

　　现在用带材热轧机生产的热轧板，约占钢材总量的40%。它的用途是各种各样的，但主要是用在汽车、火车、建筑、船舶、电机、工业机械、钢管及冷轧板坯料等方面。

　　一般来说，热轧板与冷轧板相比较，表面光洁度、尺寸精度、加工性能等都稍差，但其特点是：生产板厚尺寸范围较宽（冷轧板只限于 0.15～3.2mm），能轧制的钢种多（从普通钢到高强度钢，耐大气和耐海水腐蚀等钢种）。由于热轧薄板有上述特点，被广泛用于内衬和结构用板及高强度部件等。

3.3.2　生产工艺

　　热轧板车间通常由加热炉、粗轧机、精轧机、卷取机、调质轧机、剪切机等设备构成，但是，考虑到发挥轧制设备的最大生产能力，在设备配置上把轧制坯料和成品分开，使之单一化。

工序概略为：经过清理（除去缺陷）的钢坯，首先装入连续式加热炉里，加热到适于轧制的温度。这种加热了的板坯，根据操作指令，从加热炉里取出，送到轧制工序。在粗轧时，首先在除鳞机上除去加热时表面上产生的氧化铁皮，而后在连续式粗轧机上或者在 1～2 架可逆式粗轧机上进行轧制，使钢坯轧到 20～40mm 厚。图 3-11 所示为热轧板生产流程。

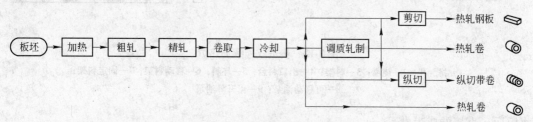

图 3-11 热轧板的生产流程

精轧时，首先在端头剪切机上切去粗轧轧件的头部和尾部，并在除鳞机上消除粗轧时产生的氧化铁皮，再通过连续式粗轧机，根据给定的工艺要求，控制板厚、形状和精轧温度，轧出产品。这种精轧带材，在输出辊道的走行中用水冷却到要求的温度，再用选取机卷成带卷。

热轧带卷在此后送往精整机列，在质量检查的同时，进行一系列操作最终成品，也根据需要进行以改变带卷形状为目的的调质轧制及切板、分条等工作。这样，最后做出的是热轧钢卷、窄带卷和热轧钢板。

3.3.2.1 坯料

热轧带材使用的原料为板坯。板坯大部分为碳含量在 0.3% 以下的低碳钢，还有其他少数特殊材料，如高碳钢、合金钢、不锈钢、硅钢等。板坯的尺寸是：厚度为 100～300mm，宽 500～2200mm，最长甚至达 13000mm。最近，连最大单重高达 45t 的板外坯也已经能轧制了。板坯表面质量和内部质量对最终成品质量的影响非常大，特别是内部缺陷往往造成成品致命伤。例如，钢锭浇注工序生成的火层以及开坯轧制时由于切头不足造成的缩尾等缺陷，在使用成品时就成为加工不良、焊接不良的原因。关于板坯的表面缺陷，应该在轧制前清除，否则就会造成制品的缺陷。

3.3.2.2 加热

热轧带材用的加热炉，大都是三段式或五段式的连续加热炉。近年来，随着热轧带材轧机生产能力的提高，多采用加热能力大的五段式连续加热炉。而最近新购置的多是如图 3-12 所示的步进式连续加热炉。步进式连续加热炉有可动轨道和固定轨道，由于可动轨道上升、前进、下降、后退的反复动作，板坯在固定轨道上按顺序向前送进，在此间板坯加热到轧制时所要求的温度。这种加热炉的优点是：难于出现由轨道造成的划伤轨道黑印；由于板坯加热时彼此有一定间隔，所以加热均匀。

加热操作的要点：首先把板坯加热到适合轧制的温度。延长加热时间和空烧都使轧制效率降低，制品质量变坏，燃料消耗量和氧化铁皮量增加。板坯的温度不均匀是制品厚度、尺寸、形状和材质改动的原因。因此，必须设法不出现以上几种现象。

3.3.2.3 轧制

由加热炉取出的板坯，送到带材轧机上进行粗轧和精轧，高速连续地按给定厚度轧成

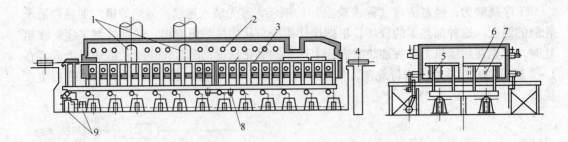

图 3-12　步进式连续加热炉

1—排气孔；2—烧嘴；3—料架；4—出口料台；5—坯料；6—移动料架；7—固定料架；
8—可移动油泵；9—可升降油泵

薄板后，直接卷成带卷。

A　热轧带钢

a　轧机形式

热轧带钢的轧机形式分为全连续式和半连续式两种。全连续式是指从加热炉起到卷取机为止，轧材都向一个方向流动的形式；半连续式是指在粗轧机上反复轧制的方式。

热轧带材轧机的轧制设备包括：粗轧设备（除鳞机、除鳞装置以及粗轧机，全连续式还附设有供调整板坯宽度用的立辊二辊式和四辊式轧边机 4~6 架，半连续式附有可逆式轧机 1~2 架）、精轧机（串联式四辊式轧机 5~7 台、端头剪切机、除鳞机、AGC、活套、轧辊冷却装置等）、输出辊道、产品冷却装置和卷取机等。

b　粗轧

从加热炉中取出的板坯，表面上被氧化铁皮（一次鳞皮）包覆着，如果直接进行轧制，鳞皮被轧进轧件的表面层中，就会造成表面缺陷，所以，在轧制前设置除鳞机将它除去。而后在粗轧机上按规定的厚度（图 3-13 所示为压下程序表的一例）和宽度轧成粗轧坯，送到精轧机去。在轧制过程中为了避免生成的鳞皮（二次鳞皮）造成产品表面缺陷，在各轧机的出口端或入口端都设有除鳞装置。

轧制的方式，如前项所述，全连续式热轧机列上设有 4~6 架轧机，半边续式设有 1~2 架可逆式轧机，它们之间没有什么本质差别，只是前者较后者的生产能力大。

c　精轧

关于热轧带材轧机列中的精轧机形式，不论全连续式还是半连续式，大部分都配置串联式四辊轧机 5~7 架。

粗轧结束送来的轧件通过精轧机达到最终的板厚。

精轧的主要目的，除轧到规定的产品厚度外，还必须保持良好的平直度、垂直度、表面状态和力学性能。

因此，在精轧工序中，要照顾到切除粗轧机轧出轧件的不良头部，清除轧制过程中生成的二次鳞皮，换辊操作，根据不同用途调整精轧出口温度，以及板厚自动控制、形状控制等多方面的问题。

d　输出辊道、卷取机

最后轧出的轧件通过输出辊道，在卷取机上卷成带卷。这时，轧件在输出辊道上行走

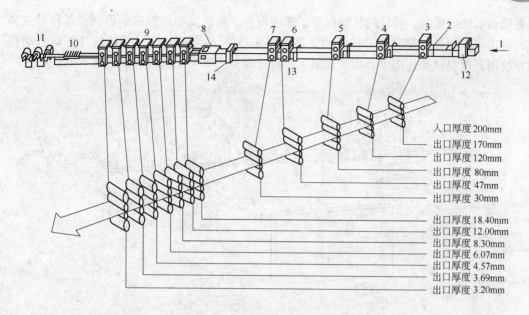

图 3-13　全连续式热轧带材轧机系列

1—来自加热炉；2—高压水除鳞；3——号粗轧机；4—二号粗轧机；5—三号粗轧机；6—四号粗轧机；

7—五号粗轧机；8—精整除鳞机；9—7 架精轧机；10—冷却及输送辊道；11—卷取机；

12—除鳞机；13—立辊轧边机；14—切头机

过程中，由设在此辊道上、下的冷却喷水装置，把它冷却到适当的温度后卷取。图 3-14 所示为层流式的冷却喷水装置均匀冷却带卷的情况。冷却喷水装置一般分成几段，按照钢卷厚度、送行速度、终了温度、卷取温度等选用不同段数。

图 3-14　精轧机及带卷冷却情况

（由最末轧机出口端看）

B　轧制操作自动化

热轧带材轧机和其他轧机相比，生产能力非常大，月产量高达 400～500kt。对于有这样高生产能力的设备来说，轧机的轧辊压下控制和热轧机列的自动化设计等都应该从节省劳力、提高产量、提高质量、提高成品率，以及其他更多方面的可期待的成果出发，在钢铁业中热轧带材轧机的计算机控制和转炉一样，已成为最早使用计算机控制的一个环节。在质量方面，为了提高板厚精度，普遍地设置了 AGC 系统。在最新的轧机上，为了提高制品的平直度、减少宽度方向上的板厚波动，采用了板形自动控制等重要技术措施。下面对这些简要叙述。

a　计算机控制

热轧带材轧机的计算机自动控制，是 1962 年美国首先开始研究的，而后各国对这一研究成果进行了进一步改进和推广。

在日本，从加热炉到卷取机的一系列工序里都使用了计算机，例如轧材的跟踪及各种设备随动系统的控制，精轧的轧辊压下、速度设定、精轧及卷取温度的控制，各种导卫装置的设定等，并各自都取得了较好的效果。图 3-15 所示为热轧带材轧机的计算机自动控制系统图，也包括操作指令、生产成果、质量管理情况等项工程管理系统。

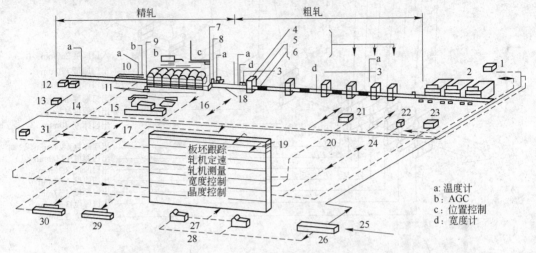

图 3-15   热轧带材轧机的计算机自动控制系统图

1—推料机室；2—加热炉；3—反馈；4—水平轧辊；5—垂直轧辊；6—导板；7—端头自动剪切机；8—导板自动控制；
9—压下螺丝测厚仪；10—精轧控制室；11—压下传感器；12—地下卷取机；13—卷取室；14—卷取环节指示器；
15—控制环节；16—剪切机台；17—计算机室；18—扫描器；19—计算机机能；20—轧制指令；21—粗轧运输室；
22—轧制记录员；23—加热室；24—图表法控制；25—合同内容；26—生产计划用计算机；27—纸带读出器；
28—轧制计划带；29—技术管理图表；30—生产管理图表；31—带钢地衡

b 板厚自动控制（AGC）

随着轧制速度提高，产品单重增加，AGC 所起的作用就越来越大，如六机架的精轧机列上，其中只有 3 ~ 4 架采用 AGC 时，就已经取得极为显著的效果。新建的轧机上还有各机架都采用的倾向。

图 3-16 所示为热轧带材轧机上精轧使用的 AGC 例子。板厚检测由设在最后一架轧机队出口处的 X 射线测厚仪来进行。

c 形状控制

制品的平直度不好及宽度方向上存在着厚度波动的主要是轧辊的弹性变形引起的挠度和扁平度造成的。考虑到目前采用具有大直径支持辊的四辊式轧机以及轧制中轧辊变形等情况，为消除上述情况，提出了预先给轧辊一个适当的凸度曲线的方法。但是仅采用这种方法，还是不足以完全控制板形，也就是说，在实际轧制操作中，轧制载荷和轧件尺寸的变化，以及轧辊的热膨胀等，均使轧辊的凸度发生变化，从而影响带材形状。

为了控制这些，尚需在轧制中改变各机架的轧制强行分配，调整在轧辊不同位置上的冷却水量，采用自动弯辊装置、从轧辊外部故意使轧辊预先弯曲、改变轧制时间间隔等方法来调整轧辊辊型。

图 3-17 所示为轧辊自动弯辊机构的例子。在工作辊轴承之间或者工作辊和支撑辊轴承之间装有油压缸，利用轴承之间的压力增减来调整工作辊的挠度。

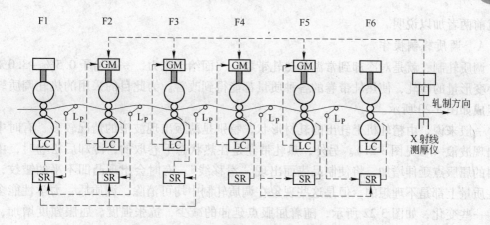

图 3-16   热轧带材轧机上精轧使用的 AGC 系统
GM—测厚仪；SR—速度调整；LC—压力传感器；Lp—活套

图 3-18 所示为轧辊凸度变化和轧件形状的关系。由于凸度的变化，板材中间部位压力过大，延伸加大，中间出现波浪；当板材两侧延伸大时，形成侧边波浪。

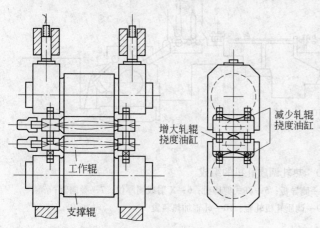

图 3-17   轧辊自动弯辊机构

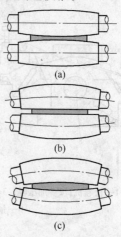

图 3-18   轧辊凸度变化和轧件形状的关系
（a）中间波纹；（b）平直；（c）侧边波纹

3.3.2.4 精整及其他

由卷取机上取下的热带卷（参考图 3-19）进行尺寸检查、打包、称重等一系列操作后，冷却后的带卷经过下述各种精整操作做成最终产品。制品在出厂检验时把合格品与不合格品分开，打包，进行标记出厂。

精整的重要工作包括：以改善带卷形状、力学性能及表面性状为目的的调质轧制操作，以及按热轧板（成块状的薄板、中板、厚板）的宽度和长度规定、对带卷进行的剪切操作，还有根据用户订货要求生产窄带卷的分条操作等。在这里

图 3-19   由卷取机上取下来的热带卷

仅就前两者加以说明。

A　调质轧制操作

调质轧制，就是对冷却到常温的热轧带卷，一面给予张力，一面给予 0.5% ~3.0% 的较小变形量的冷轧，使热轧带卷的各种质量都能得到改善。为此目的采用的热轧调质轧机的组成如图 3-20 所示。

一般来说，由精轧机上轧出的轧材形状，特别是薄板出现波浪的情况较多，有时中间也出现波浪（参见图 3-21）。另外，热轧带卷是在热状态下卷取的，冷却后松卷时，由于材料的屈服点延伸增加，将使制品表面出现"滑移线"。有时会出现凸凹不平的皱纹，这些在质量上都是不理想的。但是这些现象在调质轧制中均可消除。调质后，力学性能多少发生一些变化，如图 3-22 所示，随着屈服点延伸的减少，抗张强度、屈服强度增加，伸长率降低。

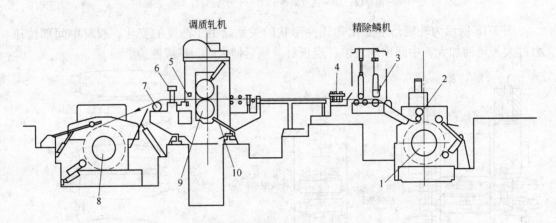

图 3-20　热轧调质轧机的组成

1—松卷机；2—加压辊；3—夹送辊；4—侧导板；5—杆式剪切机；6—X 射线测厚仪；7—导向辊；

8—张力卷取机；9—调质轧机轧辊；10—轧辊加热装置

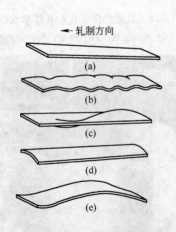

图 3-21　轧材形状

（a）平直；（b）两侧波纹；（c）中间波纹；

（d）横向翘曲；（e）纵向翘曲

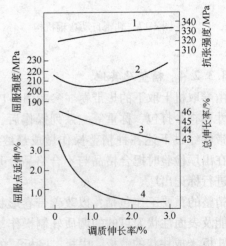

图 3-22　对调质压下量的力学性能影响

1—抗张强度；2—屈服强度；3—总伸长率；4—屈服点延伸

另外，由于调质轧制对带卷表面光亮度也产生有利作用，使它也适于制作家庭用具、电镀材料等有美观要求的原料。

B　剪切操作

热卷材剪切在热轧剪切机列上进行，热轧带卷在常温下开卷连续地按给定的宽度、长度剪切成薄板或中厚板。

在热轧剪切机列上处理的带卷并不都是只经过热轧的，还有的是在热轧后又经过调质轧制的，其中薄板多数都要进行调质轧制，所以在热轧剪切机列中也有配置调质轧机的。热轧剪切机列的设备配置和操作系统的概况如图 3-23 所示。

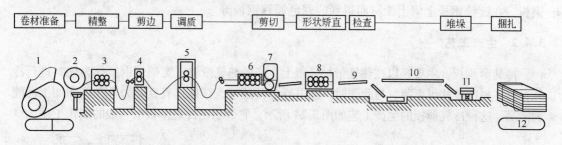

图 3-23　热轧剪切机列的设备配置和操作系统的概况
1—热轧卷；2—松卷机；3—精整辊；4—剪边机；5—调质轧机；6，8—矫直机；7—剪切机；
9—检查台；10—分级机；11—成品堆垛机；12—成品

在这条机列上包括开卷、切边、调质轧制、长度方向剪切、矫平、检验和最后的堆垛等一系列连续操作。

3.4　冷轧带钢轧制生产工艺

3.4.1　冷轧薄钢板的定义

用热轧薄钢板做坯料在冷轧机上轧制出的冷轧薄钢板或钢带，称为冷轧钢板或冷轧薄板，光亮带钢（宽度在 500mm 以下的冷轧带钢）以及由光亮带钢剪切的钢板也都包括在内。

很早以前冷轧薄板在二辊不可逆式轧机上生产，主要依靠人工操作；近年来，主要用一种高效率、高精度的带材冷轧设备，连续轧制冷轧薄板，普通板厚范围是 0.15 ~ 3.2mm。

冷轧薄板比热轧薄板更薄，而且为了得到更加均匀的优质薄钢板，要在冷态下进行轧制，它与热轧薄板相比具有下列的良好特征：

（1）制品表面没有附着的氧化皮，在板变薄的同时，轧辊将表面磨光，所以，带材的表面非常美丽；

（2）板厚均匀，精度很高；

（3）冷轧后，通过进行退火和调质轧制等处理，能够使带材具有良好的力学性能和加工性能，所以容易进行深冲加工、冲压加工；

（4）用于电镀和涂漆时，耐蚀性和表面光洁度好。

由于冷轧薄板具有上述特征，应用范围极广，与我们日常生活的联系也特别密切。例如：汽车的车体、各种部件、电气设备的外壳、家庭用具、容器、办公用具、配电盘、电磁材料、装饰品等，此外也可用做表面处理钢材的原料。

对冷轧薄钢板进行表面处理而得到的表面处理钢板，其用途也极为广泛。表面镀锡的钢板称为镀锡薄钢板，它用于储藏食品用的罐头盒等，是我们日常生活中不可缺少的消费材料。还有，表面镀锌的钢板称为镀锌薄钢板（也称为白铁皮），由于它的耐蚀性好，多用于屋盖、洗槽、电冰箱、洗衣机、汽油箱等。其他也还有许多种类，主要有镀铝的镀铝钢板，在镀锌钢板上烤上涂料而得到的着色镀锌钢板等。

3.4.2　生产工艺

冷轧薄钢板，主要是以在热轧带材轧机上生产的热轧带卷（宽幅带钢）作为坯料进行冷轧，将坯料厚度轧得更薄，与此同时，还进行各种处理，获得具有良好力学性能和加工性能的制品。这种冷轧薄板的生产工艺如图 3-24 所示，它表示出冷轧薄板最一般的制作工序。

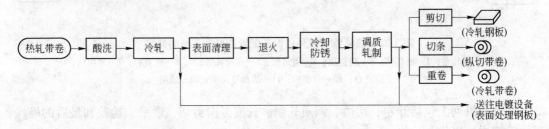

图 3-24　冷轧薄板的生产工艺

从热轧车间送来的带卷，首先酸洗除去表面的氧化铁皮，之后，在带材冷轧机上进行冷轧，得到所需要的板厚尺寸与形状的带卷。此后，为了除去附着在带材表面的轧制润滑油和铁粉等脏物而要进行洗涤处理。其次由于带材进行冲加工造成了冷加工硬化、加工性能变坏，所以，必须退火软化，它的加工性能才能有极大的改善。退火完了的带卷，送到调质轧机上去，通过轻度的冷加工，板材的形状及表面状态得到了改善，同时，材料的性能也得到了改善。调质轧制完了的带卷送到最后的精整工序，根据规定的尺寸进行切边、剪切和分条等，与此间时，进行必要的检查，做成涂油制品，这样生产出来的就是冷轧钢板和冷轧带卷。镀锡钢板和镀锌钢板等表面处理钢板可用板片制成，但是，大部分是以冷轧带卷通过连续电镀生产线制成的。

3.4.2.1　坯料

制作冷轧薄板的坯料，如前所述，主要使用热轧钢卷。

作为坯料的热轧带卷的钢种有沸腾钢、镇静钢、半镇静钢、封顶钢等所有钢种，而从成分来看也是从纯铁到碳钢、高合金不锈钢、耐热钢、硅钢等特殊的坯料都有，从表面质量出发一般多使用沸腾钢、封顶钢，但深冲时用铝镇静钢较好。

热轧带卷组织（晶粒度等）对冷轧制品的质量有很大影响，所以一般冷轧薄板用的热轧带卷，在热轧工序中，精轧终了温度控制在 870℃ 以上，卷取温度在 680℃ 以下较好。

先决定热轧带卷即坯料厚度，以便得到适当的冷轧压下量，而这种压下量是使冷轧薄板的力学性能和加工性能最佳的数值。压下量一般控制在 40% ~90% 范围内，制品厚度和坯料厚度的关系见表 3-1。

表 3-1 制品厚度和坯料厚度的关系

制品厚度/mm	坯料厚度/mm	压下量/%
0.20	2.0	90.0
0.25	2.3	89.0
0.40	2.3	82.6
0.60	2.3	73.9
1.00	2.7	63.0
1.20	3.0	60.0
2.30	4.7	51.1

关于坯料的表面质量，首先，表面上附着的氧化皮，在后续工序的酸洗中很容易除净，另外，若有其他的划伤、轧印等缺陷，对制品质量将带来不良影响。

3.4.2.2 酸洗

由于做坯料的热轧带卷是在终轧温度 900℃ 以上的高温下热轧的，所以在它的表面生成相当数量的氧化铁皮。这种氧化皮如图 3-25 所示，是由 3 层不同氧化铁组成的硬脆物质。这些铁鳞在冷轧前若不能完全除去，轧制中就被压入到制品表面，成为表面缺陷，对以后的加工、电镀、涂漆等处理都有很大的危害。所以在冷轧前，主要使用酸洗（通常用硫酸或盐酸）除去。一般来说，在除去氧化铁皮时，为了和酸接触良好，首先使氧化铁皮发生龟裂，而后酸洗。这项操作在连续式酸洗机上进行。热轧带卷，在开卷机上开卷、焊接，在酸洗槽中除去氧化铁皮，水洗、干燥后，切边（圆盘式剪边机）、涂油、卷取。

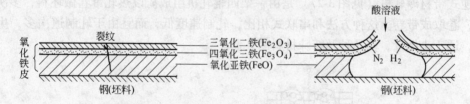

图 3-25 氧化铁皮构成及利用酸洗除去的机构图

酸洗到底是按什么样的机制进行的呢？参照图 3-25 加以概述。氧化铁皮构成成分中，Fe_2O_3 和 Fe_3O_4 在酸中难于溶解，而 FeO 和母体在酸中易于溶解，由图 3-23 可见，酸液从缝隙间进入氧化铁皮的内部，FeO 溶解，同时与坯料的母体铁反应生成 H_2，由于 H_2 的喷出力，使 Fe_2O_3、Fe_3O_4 层先剥离，而后再溶解。

3.4.2.3 轧制

经酸洗清除了表面氧化皮的热轧带卷，送到薄板冷轧机上连续轧制，轧到给定的形状和厚度。下面谈一下这种冷轧究竟都用一些什么设备，采用什么样的方法进行。

A 带材冷轧

生产冷轧薄板，以前是在二辊不可逆式轧机上，将热轧后切好了的板坯，一块一块或者叠起来轧制而成的。因为压力小，不得不在轧辊上多次轧制，所以，生产能力是很低的。这是无论如何也不能满足激增的需求的。为了获得更高的生产能力和更好的产品质量，轧制操作向着连续化和高速化方向发展，直到今日带材冷轧机的诞生。在带材冷轧机上轧制热轧带卷的操作能够连续高速进行，而且最近轧制速度已经实现了 2500m/min，这个速度换算成时速为 150km/h。

带材冷轧机的形式分为串联式和可逆式两种。

串联式带材冷轧机（见图3-26（b））是由 3~6 架四辊轧机串联而成的，热轧带卷在各架轧机上连续轧制，卷取成带卷状。这种方式和下述的可逆式相比，其轧制速度高，生产能力大。

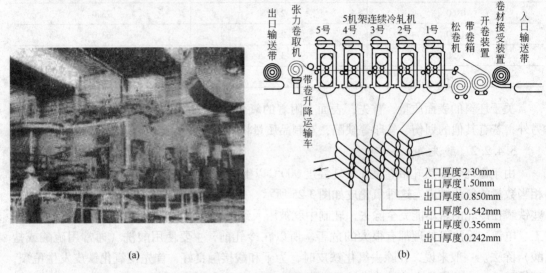

图 3-26　串联式带材冷轧机
（a）串联式轧机全景图；（b）串联轧机压下表的一例

可逆式带材冷轧机（见图3-27）是由一架四辊轧机组成。以热轧带卷做坯料，多次反复轧制，卷取成带卷。这种方法和串联式相比，轧制速度低，而且由于轧制道次多，生产能力低，适于小批量、多品种及特殊材料的轧制。

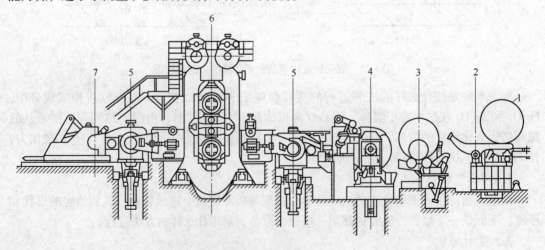

图 3-27　可逆式轧机
1—带材运输机；2—带材接收装置；3—开卷机；4—带卷箱；5—张力卷取机；6—轧机；7—带材助卷机

不锈钢和硅钢等变形抗力高的材料，为轧制厚度精度要求高的薄板材，多采用森吉米尔式轧机。

B　轧制方法

轧辊的压力和在轧辊入口侧、出口侧给予轧材的张力使轧件发生塑性变形，从而在冷轧带材轧机上可轧得所规定的板厚和形状。此时，张力极为重要，不仅具有使轧辊的轧制载荷减小、板材厚度减小的有效作用，同时还有使薄板形状平整的作用。

实际的压下图表如图 3-26（b）所示。由于轧后的板厚和形状要求很高，所以，实际轧制时除板厚、形状自动控制外，还要采取各种相应的有效措施。

另外，在冷轧时，为了减小轧件和轧辊间的摩擦，降低轧制载荷，同时，为了保持美丽的精轧表面，仅仅使用润滑油已经不够了，这是由于轧材的塑性变形及摩擦在轧制中产生大量的热量，一方面使润滑油的润滑效果变差，同时对轧辊形状也起着不利影响，所以需要同时用冷却液。

C　轧制操作要点

冷轧操作时能否高效率、低成本地制造优质产品，其关键在于如何实现稳定操作。良好的板形和准确的尺寸，完全是由稳定操作决定的。所以当轧制操作时，必须确立最恰当的操作方法，以保证稳定操作。在这个意义上来说，冷轧操作中，形状控制和板厚控制是特别重要的，下面对它们的要点做些叙述。

a　形状控制

形状不良的薄板如图 3-28 所示。影响板形的主要因素除有坯料的厚度、硬度波动、形状不均等外，还有冷轧自身的辊型、压下量、轧制载荷、张力、轧制温度、轧制润滑等许多因素。这些因素不仅单个对板形有影响，而且它们还相互影响，所以，最好使轧制操作处于变动少的稳定状态。

实际轧制操作中，这些因素对板形产生的影响，主要是靠在轧制中调整辊型来控制。辊型如图 3-29 所示，考虑到轧制中轧辊的变形（凸起和扁平等），事先把工作辊研磨成凸状，用轧辊辊身两端和中间的辊径差表示凸度，而把这种辊型称为机械辊型。这个凸度量小时，带材两侧的压力过大，出现侧边波浪；反之，板材中间延伸大，形成中间波浪，所以必须采用适当的辊型凸度。

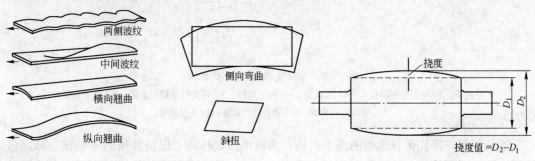

图 3-28　板形不良薄板　　　　　　　图 3-29　辊型

即使事先做好这种机械辊型，在实际轧制过程中，由于轧制力、材料尺寸变化，以及轧制温度变化等，还会引起辊型变化，从而对带卷形状带来不良影响。所以，根据这些变化对辊型进行调整是必要的。这时，通过增减沿辊身长度方向上的冷却水流量，改变轧辊温度分布，来调整辊型；用油压装置使轧辊自身弯曲（即弯辊装置）；变动压下量使轧制载荷增减，进而调整张力等。通过以上多种方式对轧辊挠度值进行调整。这在多辊的森吉米尔轧机轧辊上比较容易实现，因为这种轧机的工作辊是由多个支撑辊支撑着的，工作辊的挠度值很小，所以能做出尺寸正确、形状良好的制品。

形状控制是轧制操作技术中最复杂的技术，这是因为带张力的带卷高速在眼前通过，操作者凭眼力和经验来判断，以手动方式进行上述的种种调整。所以，为了正确判断形状，研究形状检测器的工作受到重视，一部分是该检测器和弯辊装置联合在一起的自动化方法正在使用着，包括其他调整的自动化在内，人们期待着今后都有更大的发展。

b 板厚控制

整个薄板厚度要求均一，可是实际上，由于各种原因，板厚总是有波动，若超出容许公差称为不合格品，不能出厂，导致成品率降低。

板厚波动的因素除坯料厚度、硬度变化等外，还有冷轧自身的轧制速度变化、张力变化、轧辊和轧材之间的摩擦系数、轧辊尺寸变化等。

为了修正这些板厚波动因素，普遍在带材冷轧机上设置了板厚自动控制装置（AGC）。用 AGC 进行板厚自动控制的方法是：压力和张力两者的作用使带材发生塑性变形，用 X 射线测厚仪测出的厚度，决定辊缝和张力的增减（轧辊速度调整），自动地给出所规定的厚度。图 3-30 所示为串联式轧机上使用 AGC 的例子。这种方式在 1 号机架上通过操作压下丝杠控制压下，在第 5 号机架上，通过改变轧制速度，改变第 4 号和第 5 号机架间的张力，它是精轧板厚变动最小的控制方法。

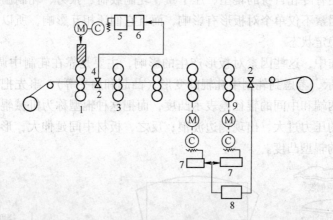

图 3-30   串联轧机上的 AGC 系统

1—1 号机架；2—X 射线测厚仪；3—2 号机架；4—压下丝杆；5—可变电压控制系统；6—压下控制系统；
7—电压控制系统；8—张力控制系统；9—5 号机架

近几年来，冷轧带材轧机的压下机构，多以油压式代替了以前使用的电动机、减速齿轮机构及压下螺旋的电动螺旋压下式。设置这种油压式压下机构的轧机具有压下速度调整快（是电动压下方式的 5~10 倍）的特点。使用这种油压式压下机构轧机的优点是：根据油压压力的变化可以改变轧机机架的刚性，各架轧机的刚性如果预先给予适当的设定，即使热轧卷的尺寸有少许的变化，也能把通过该轧机的轧材按给定的规程来进行轧制，所以所有的带材冷轧机都能生产出合格率高的、尺寸精度良好的冷轧板。油压压下和以前的电动压下相比，由于响应速度快，AGC 的延时也少，同时配备有消除轧辊偏心装置的轧机最近也在使用了。

D　轧制操作自动化

冷轧工序是继热轧工序之后的薄板精轧工序，它包括酸洗、轧制、洗涤、退火、调质轧制、表面处理等各项相当复杂的工序，目前正在大力推广冷轧的自动化和计测化。

计算机控制已经在串联式带材冷轧机上以及其他工序中大量采用，它为工程管理的高度化、省力化做出了很大的贡献，提高了生产率、质量、成品率等。

另外，轧制操作的自动化例子很多，其中也有现在发展最快、普遍应用的板厚自动控制装置（AGC）；而且，人们更期待今后发展的是和 AGC 并驾齐驱的形状自动控制装置。近几年来，由于这些技术的惊人进步，产品精度都显著提高了。

3.4.2.4　洗涤

表面洗涤是完全除去冷轧后带卷表面上附着的轧制油污的工序。

一般来说，如冷轧后带卷直接进行退火，表面上就残存有碳化物。它不仅影响带卷的表面美观，而且也是各种镀层工业中得不到完美镀层表皮、耐蚀性变坏的原因，为此必须进行表面清洗。

因 3-31 所示为电解清洗设备的概况。清洗顺序是：带材连续放入碱槽（用碱作粗洗）洗刷机（用刷辊在带材表面上研磨）、电解槽（通过电解产生的 H_2、O_2 起搅拌作用，辅助粗洗）、热清洗槽（洗去板带表面上的洗涤剂）、干燥机来进行脱脂。

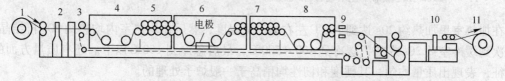

图 3-31　电解清洗设备

1—松卷机；2—下切式剪切机；3—焊缝机；4—碱槽；5—洗刷机；6—电解槽；7—洗刷干燥机；8—热清洗槽；
9—热空气干燥器；10—下切式剪切机；11—卷取机

3.4.2.5　退火

冷轧后的带卷，由于冷加工使制品结晶组织歪扭，硬度提高，加工性能变差。如果带卷加热到 650~750℃，保温一定时间，将发生再结晶现象，形成与以前不同的、没有歪扭的、新的结晶组织，硬度、抗张强度下降，伸长率增大，加工性能改善，这就是退火。

图 3-32~图 3-34 所示为带卷退火炉。单座垛式退火炉（辐射管式，见图 3-32），圆形基座上有一个料卷台，放着带卷，在其上放着内罩，为了防止氧化和其他目的，罩内空气要用煤气置换。加热方法是：点燃炉体外壁上的某个烧嘴，在辐射管内燃烧，在内罩中对内部的带卷加热。

同样，多座垛式退火炉（辐射管式，见图 3-33），在方形的基座上，放有 3~8 个料卷台，其上放着带卷，以同样方式进行加热。

连续退火炉（见图 3-34）退火方式是带卷一面松卷，一面送入炉内，连续地进行加热、均热、缓冷、急冷，之后再卷取成带卷。操作方面的特征是退火时间短，也就是说，

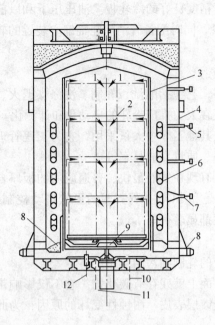

图 3-32　单座垛式退火炉（辐射管式）

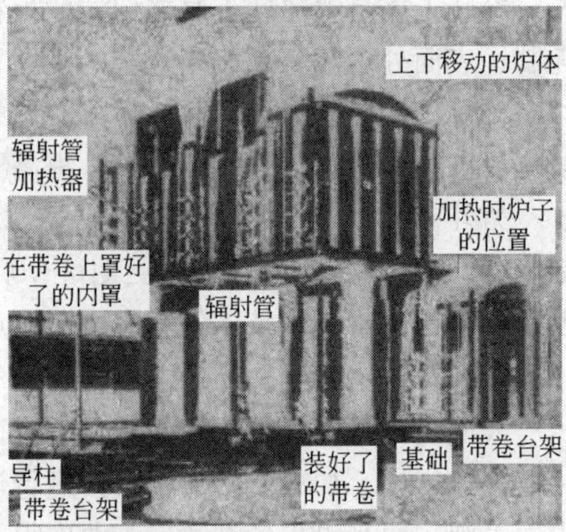

图 3-33　多座垛式退火炉（辐射管式）

1—气流；2—带卷对流板；3—内罩；4—护体；5—炉罩热电偶；
6—辐射管；7—窥视孔；8—砂封；9—电扇；10—气体出口；
11—气体入口；12—底部热电偶（卷材底部测温）

先在加热室里加热约 20s 达到 700℃ 左右的退火温度，然后在均热室内均热约 20s 再结晶，再次到缓冷室约 20s 左右，缓冷到 400～500℃，最后急冷到 150℃ 以下。还有质量方面的特征，表现出质量均匀，其硬度和韧性均稍高于一般炉子处理的。

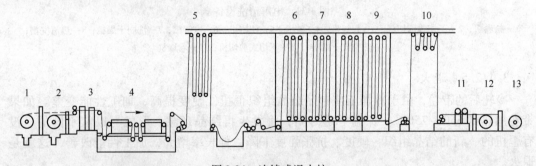

图 3-34　连续式退火炉

1—1 号松卷机；2—2 号松卷机；3—焊接机；4—电解清洗槽；5—入口侧活套塔；6—加热室；7—均热室；
8—缓冷室；9—急冷室；10—出口侧活套塔；11—剪切机；12—1 号张力卷取机；13—2 号张力卷取机

3.4.2.6　调质轧制

冷轧后的退火板卷，消除了晶格歪扭，但强度下降了；加工性能得到了改善，但冲压加工时，加工度（即加工变形程度）比较小时在平坦的地方（例如做汽车的车身等）出现"滑移线"（见图 3-35），发生了皱纹，这是由于材料屈服延伸所造成的结果。图 3-36 所示的拉力试验的应力-应变曲线中的屈服点延伸（$OBCAD$ 曲线上的 BC 部分）越大，发生滑移线的现象就越厉害，所以为了防止这种现象的产生，必须事先给钢板以轻度的冷轧变形（压下量为 0.5% ~1.5%），消除屈服点延伸，这就是调质轧制。进行调质轧制的钢板，在应力-应变曲线上，成为 PAD·曲线，很明显，这样屈服点延伸现象消除了。

图 3-35 滑移线

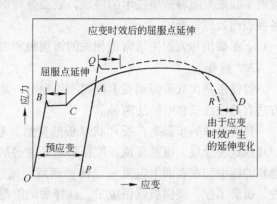

图 3-36 二次应变及时效应变图

但是，低碳沸腾钢冷轧板有应变时效现象，利用调质轧制消除了屈服点的延伸，经过一些时间会逐渐重新再恢复，同时屈服点增高，伸长率下降。这种现象如应力-应变曲线中的 $PAQR$ 线所示。图 3-37 所示为给予 1% 压下量的钢板在室温、100℃、200℃时效后的应力-应变曲线。由图可知，随着时效温度升高，在短时间内屈服点延伸就变大。所以，在调质轧制后最好尽快加工。镇静钢有非时效性，没有这种屈服点延伸恢复的问题。

调质轧制除消除屈服点延伸外，还进一步提高了板材的平直度。另外，根据使用目的，调质轧制可使精轧带材表面消光或上光。调质轧制是最后决定制品性质的非常重要的精整工序。

调质轧制用轧机是通过开卷机和张力卷取机之间带材受到的张力和轧辊的轧制力进行轧制的。这时的张力对轧出平直板材起着重要作用。另外，在调质轧机上带材表面不再附着污物和油污等，也是很重要的。在欧美，往往不使用润滑油而进行无润滑轧制。

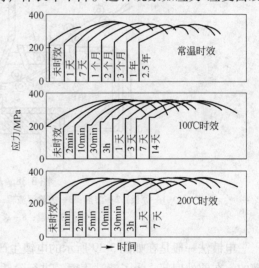

图 3-37 由时效产生的应力-应变曲线

3.4.2.7 精整

调质结束的带材，送到冷轧最后的精整工序。在此工序中有剪切机列、分条机列和重卷机列等设备，带材在剪切机列上进行剪切，最后切成板片出厂；按给定的条数进行分条，在分条机列上最后切成窄带卷出厂；重卷机列将带材重新卷取起来。

这些设备除按给定规格剪切外，还具有以下功能：在机列上，还要进行形状的矫正、表面质量、尺寸和形状的检查、防锈涂油等项工作。

3.4.2.8　表面处理

我们的生活周围到处都在使用着铁，人们一定会知道铁确实有着重要的作用。但是铁容易生锈，在使用上受到一定限制。为了防止铁生锈，在铁的表面进行电镀或涂漆的方法发展了起来。随着这项技术的进展，表面处理钢板的方法也就多样化了，今天已经能生产各种表面处理钢板了。

下面举出和人们生活密切相关的镀锡板和镀锌板，介绍一下它们是如何生产的。

A　镀锡板

镀锡板是在低碳薄钢板上镀锡而得到的，是一种能防锈且外表美观的钢板。它的制造方法有热浸涂铁和电镀法两种。

热浸涂法的步骤是：板片状厚板酸洗后，在图 3-38 所示的热浸涂装置上自动地一片一片地送去涂层，也就是说，原板最初通过溶剂，完全除去氧化物和附着物之后，放入熔融状的锡中，在表面上包覆一层锡；而后，通过压辊使附着的锡层厚度均匀，再经过清洗、研磨工序，镀锡板就做成了。这样做的镀锡板称为"热浸锡板"。

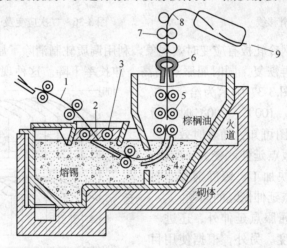

图 3-38　热浸涂装置

1—原板；2—溶剂；3—去除浮渣辊；4—导向板；5—拉辊；6—冷却风管；
7—制动辊；8—镀锡薄板；9—抛光机

电镀法一般是在如图 3-39 所示的电镀生产线上，使带卷状态的原板连续地通过而进行电镀的。在前处理部，为了清洗表面，进行除锈、脱脂和酸洗；在电镀部，在电解液中由于锡（阳极）和原板（阴极）的电解作用，在原板上沉积上了所需厚度的锡层；在后处理部，电镀带材表面用化学处理法洗净，为了防止划伤和生锈等而进行涂油。在出口部检查有无气孔缺陷之后，按合同规定在剪切机上切断，或者直接卷取成带卷，这样做出来的镀锡板称为电镀锡板。电镀层的厚度为 $0.4 \sim 2.3 \mu m$，与热浸涂法相比，所得的电镀层要薄些。

B　镀锌板

镀锌板和镀锡板一样，是在低碳薄钢板上镀上锌层而得到的，是一种耐蚀性良好的表面平滑的钢板。这种板的制造方法有熔融锌涂层法和电镀锌法两种。使用的原板和镀锡板一样，大部分都是卷状的。

熔融锌涂层法有多种方式，在这里只就历来使用最多的森吉米尔法做些介绍。这种方

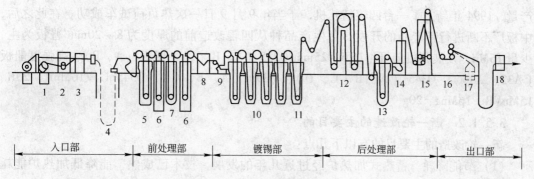

图 3-39 电镀装置系列

1—开卷机；2—剪切机；3—焊接机；4—活套坑；5—碱洗；6—喷雾清洗；7—酸洗；8—抛光刷；9—滴水槽；
10—镀锡槽；11—牵出槽；12—锡层熔融装置；13—化学处理槽；14—蒸汽干燥；15—静电涂油装置；
16—限动器；17—重卷机；18—气孔检查机

法的流程如图 3-40 所示，涂层机列中有氧化炉和还原炉。原板表面上附着的油脂类，将在加热和氧化的过程中被烧掉，这时所生成的氧化铁皮由煤气还原，表面清洗后，不经过空气直接通过熔融锌，这样表面就包覆上了一层锌层，接着冷却。为了增加防锈及涂底漆的适应性，进行铬酸盐处理最终做成制品。

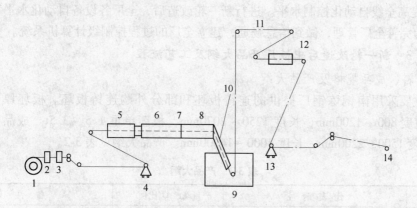

图 3-40 熔融锌涂层装置（森吉米尔法）略图

1—带卷；2—剪切机；3—焊接机；4—入口侧活套小车；5—氧化炉；6—还原带；7—还原炉；8—冷却带；
9—镀锌槽；10—导管；11—冷却管；12—铬酸盐处理槽；13—出口侧活套小车；14—卷取机

电镀锌法和电镀锡法一样，在电解液中，由于锌（阳极）和原板（阴极）的电解作用，在原板上沉积上所需厚度的锌。有直接涂油做成制品的，但是多数情况要进行铬酸盐处理，以增加防锈性能及涂底漆的适应性。

3.5 板带轧制生产线实例

3.5.1 改造后的南钢中厚板轧制生产线实例

3.5.1.1 南钢中板厂简介
南钢中板厂 1986 年投产，当时为三辊劳特式轧机单机架生产；为了提高产品质量和产量，1994 年新上了一台四辊精轧机，于当年 9 月 9 日一次热负荷试车成功。在此之后，中板厂不断进行新产品的开发，可生产品种从四辊改造前的厚度为 8～20mm 普板为主，少量 16Mn，发展到目前可生产 6～25mm Q235（A、B、C）、船板（A、B）、高强度船板（A32、A36）、Q345（A、B、C、D）、Q390（A、B、C）、Q345qC、16MnR、20R、15MnVR、16Mng、20g 等。

3.5.1.2　新一轮改造的主要目的

新一轮改造的主要目的有以下几点：

（1）节能降耗。蓄热式加热炉经过近几年的发展，技术已成熟，能降低加热炉能耗 20%～30%。

（2）提高产品质量。对四辊轧机 HAGC 系统的改造，减小同板差和异板差；增加轧后控制冷却系统，提高钢板强度；增大冷床面积为现在的两倍，以降低剪切温度，杜绝蓝边板入库；采用双边圆盘剪，提高切边质量和钢板定尺精度；采用进口自动喷字打钢印机，提高喷字和钢印质量。

（3）开发新品种。新一轮改造结束后，南钢中板厂将对控轧、控冷工艺做进一步的改进，生产一些更高附加值的品种钢，如高强度船板（D32、D36）、Q345qD、Q370q（C、D）、Q390D 等。

（4）提高全线自动化控制水平。进行新一轮改造后，全厂各设备自动化水平都有很大的提高，为完善全厂管理，做到信息畅通，建立全厂的过程控制级计算机系统。

3.5.1.3　新一轮改造后中板厂产品大纲及工艺流程

A　原料、成品规格及产品大纲

原料主要采用南钢炼钢厂提供的连铸板坯和部分外购连铸板坯。板坯厚度 150～220mm，宽度 800～1200mm，长度 1250～2070mm，板坯单重 1.5～3.5t。成品厚度 6～40mm，宽度 1500～2200mm，长度 4000～14000mm。产品大纲见表 3-2。

表 3-2　产品大纲

品　种	代　表　钢　号	产量/kt	比例/%	备　注
碳素结构钢	Q235、Q235A、Q235C、Q235D	320	40	
船板	A、B、A32、A36、D32、D36	290	36.25	其中高强度船板 50kt
锅炉板	20g、10Mng	50	6.25	其中 10Mng 1.5kt
容器板	20R、10MnR、12MnVR	50	6.25	其中 12MnVR 10kt，10MnR 30kt
低合金结构钢	Q345A、Q345B、Q345C、Q345D、Q390A、Q390B、Q390C、Q390D	80	10	
桥梁板	Q345qC、Q345qD、Q370qC、Q370qD	10	1.25	
合　计		800	100	

B　工艺流程

生产工艺流程为：连铸板坯→原始数据输入（PDI）→上料确认→加热→粗除鳞→三辊轧机开坯→四辊轧机精轧→高密度直管层流冷却→热矫直→1 号冷床；然后分两条精整线，一条到新精整线→3 号冷床→圆盘剪→切头剪→定尺剪（预留）→翻板→上下表检查

→全自动喷字打钢印→垛板收集→入库（探伤发货）；另一条老精整线→2号冷床→翻板（上表检查）→切边剪→切头剪→切边剪→定尺剪→下表检查→喷字打钢印→收集→入库（探伤发货）。车间平面布置图如图3-41所示。

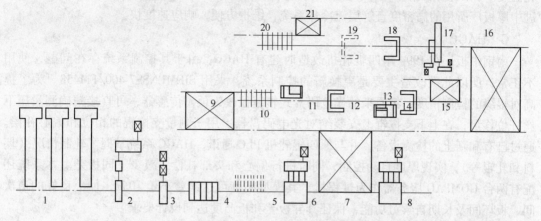

图3-41　车间平面布置图

1—加热炉；2—三辊轧机；3—四辊轧机；4—控轧升降机构；5—高密度直管层流控制冷却；6—十一辊矫直机；
7—1号冷床；8—九辊矫直机；9—2号冷床；10，20—翻板机；11—切边机；12—切头剪；13—切边剪；
14，19—切尾定尺剪；15，21—成品检验台；16—3号冷床；17—圆盘剪；
18—切头定尺剪（其中4，5，16～21为本次改造新上设备）

3.5.1.4　新工艺、新技术的应用

A　蓄热式加热炉

为了节能降耗，南钢在2002年初将中板厂原有的1号加热炉拆除，重新建了一座蓄热式加热炉，将加热炉单耗从改造前的2.1GJ/t降到设计的1.68GJ/t，小时加热能力从改造前45t/h提高到75t/h。目前又在着手将3号加热炉改造为蓄热式加热炉，其主要参数与1号炉相同。采用北京神雾公司开发研制出的空气单蓄热式烧嘴，由空气蓄热室、煤气喷枪和点火系统组成，采用蜂窝状陶瓷作蓄热体，其单位体积蓄热能力相当于小球的3.8倍，气流通过时其阻力远小于陶瓷球蓄热体阻力。每个烧嘴都自带点火系统，在炉温低于800℃时，点火系统始终处于工作状态，因此在任何情况下开主煤气都能保证点燃，不但安全，且不需设点火烧嘴，简化了操作，节省了烘炉费用。煤气和空气通道由钢管分开，无串气可能，非常安全；煤气不通过蓄热室，无煤气中焦油等脏物堵塞蜂窝陶瓷蓄热体的情况出现。以上这些新技术，确保了蓄热式燃烧技术在南钢中板厂1号加热炉上的正常应用，空气温度预热到仅比炉温低100℃，排烟温度低于140℃，达到了明显的节能效果。

B　控轧、控冷

在以前品种钢生产中，为了保证品种钢质量，南钢中板厂也做了一些控轧、控冷，但由于投入少，特别是控制冷却系统，仅做了三组简易水幕，因水处理系统供水能力不足和无相应控制系统等原因，效果很差。为了提高钢板质量，降低品种钢生产成本，也为进一步开发高附加值品种钢创造条件，将控轧、控冷作为这次改造的重点。在四辊轧机后建了一个能放一块钢板待温的在线液压升降机构，以实现钢板交叉轧制，大大减少钢坯中间待

温时四辊轧机待轧时间。为了减少中间坯上产生的黑印，将支架与钢板接触部分作为了锯齿形。根据不同品种的不同冲击性能要求，控制其未再结晶区总压下率、道次压下率和终轧温度。在四辊轧机后 40m 处建一个长度为 24m 的控制层流冷却系统，采用目前国际先进中厚板厂所用的高密度直管层流冷却系统，维护方便，响应速度快。

C　HAGC

南钢中板厂在 1994 年四辊轧机改造时建有 HAGC，由于其控制系统存在问题，使用不正常，所以此次改造主要是更换新的控制系统，采用 SIEMENSS7-400/FM458。为了提高对辊缝的检测精度，将原来的光电码盘式辊缝仪改为顶帽传感器，可直接精确测量压下丝杆位移量；在上下支撑辊上安装绝对光电码盘器，用于测量支撑辊的相位和偏心补偿。通过已有和新上的检测设备，并与原四辊轧机 PLC 通讯，HAGC 系统掌握了轧制情况（坯料和轧辊等），实现厚度自动控制，同时进行偏心和头部补偿，减少了同板差。本系统还配有两台 COMPAQ 服务器作为过程机，其模型精度可达误差小于 10%，加上良好的道次间、板坯间及长期自学习功能，保证其异板差和板凸度达到设计要求。

D　综合过程控制

轧线和精整线上的控制系统全部采用了 SIEMENS 系列控制计算机，这些计算机通过 SIEMENS 工业以太网连接为一个大系统。原有的 MODICON 系列计算机可以通过一个网桥计算机实现网络连接。板坯加工历程完整、准确跟踪和数据库管理，为在线生产调度提供全线详细生产情况，为离线分析、生产统计和生产管理提供详尽的数据基础。

3.5.1.5　南钢中板的发展方向

南钢正在建设另一座具有国际一流水平 3500 卷轧中厚板厂，其轧制过程中单块钢板质量可达 60t 以上，用优质连铸宽板坯进行全纵向轧制生产 3～50mm 中厚板，这条生产线具有良好的规模效益。卷轧中厚板厂达产后，相应的小批量、单件、窄的中厚板由现有中板厂生产，为大炉卷配套，形成优势互补，充分发挥大炉卷的规模效益，届时中板厂的规模以 600～700kt 为宜，坯料可考虑由南钢"十五"规划中预留的大转炉供给，且应拆除老精整线，在此位置建热处理设备，以生产高附加值品种钢。

3.5.2　柳钢热轧带钢轧制生产线实例

3.5.2.1　柳钢概述

柳钢热轧板带生产线是广西柳州钢铁（集团）公司"十五"规划期间重点技改工程之一。工程于 2004 年 9 月 12 日破土动工，并于 2005 年 9 月 15 日热负荷试车。轧线主要设备由原英国 DAVY 公司设计制造，属于第二代半连续热轧机。柳钢从 CORUS 公司引进设备之后，对其实施全面的现代化技术改造。新轧线增加了液压 AGC、快速换辊等装置，配套全新的自动化控制、液压、润滑、高压水除鳞、水处理等系统，建设一条 2032mm 热连轧宽带钢卷生产线。

该热轧板带工程设计年产量 3.60Mt，分两期建设：一期 1.50Mt/a 热轧带钢卷；二期 3.60Mt/a 热轧带钢卷。成品最大卷重 23860kg（预留 30000kg）；最大卷重外径 1810mm；钢卷内径 762mm；最大单位卷重 12.96kg/mm（预留 16.3kg/mm）。

原料为连铸板坯，坯料厚度 180mm、220mm（预留 250mm）；宽度 650～1850mm；长

度定尺 7500~9500mm，最短尺寸 6000mm。产品方案见表 3-3。

表 3-3 按钢种产品方案

产品名称	代表钢种	产品规格/mm	计划年产/kt	比例/%
碳素结构钢	Q215、Q235	2.0~25(600~1840)	600	40
优质碳素结构钢	20	2.0~25(600~1840)	675	45
低合金结构钢	Q345	2.0~25(600~1840)	150	10
管线钢	X60	2.0~25(600~1840)	750	2
合 计			1500	100

3.5.2.2 生产工艺

A 生产工艺流程

生产工艺流程为：合格连铸板坯→板坯库→备料区→步进式加热炉加热→粗除鳞箱除鳞→两机架连轧可逆四辊粗轧机开坯→保温→转鼓式切头飞剪→精轧除鳞箱除鳞→四辊精轧机六连轧→层流冷却→卷取机→打捆→翻卷→链式运输机→称量、喷印→钢卷库（立放）→翻卷→钢卷库（卧放）→成品库发货。

B 生产工艺简述

合格无缺陷的连铸板坯由火车运入该厂装料跨，由板坯夹钳吊车进行卸料、堆放。根据生产计划要求，装料吊车从备料区将板坯逐块吊到上料辊道，运至称量辊道上进行称量并核对板坯号，至入炉辊道自动定位，然后由装钢机装入加热炉内加热。加热炉为混合煤气步进式加热炉，进出钢方式为端进端出。

加热好的坯料，由出钢机托出放到出炉辊道上，经粗除鳞箱除去一次氧化铁皮后，由辊道送至 E1、R1、E2 组成的可逆四辊粗轧机组。板坯在可逆轧制机组轧制 5、7、9 道次，轧成 2.0~25.0mm 带钢。精轧机架间设有 H1~H5 电动活套装置，机组实行微张、活套轧制，且在粗轧机前后、精轧机之前均设有高压水除鳞装置，用于清除二次氧化铁皮。

带钢头部从精轧出来，进入带钢层流冷却装置。根据带钢钢种、厚度、终轧温度及轧制速度，自动调节层流集管组数和数量，分别对带钢上表面层流、下表面喷水冷却，将带钢由终轧温度冷却至规定的卷取温度，送往三辊式液压助卷辊卷取机。

卷取完后，由卸料小车将钢卷托起并取出，经卧式自动打捆机打捆后，再由翻钢机把钢卷翻成立卷，放在链式运输机上进行钢卷运输。钢卷经称重、喷印，由链式运输机将钢卷运至钢卷库，经专用吊具吊离运输链，落地堆放冷却，待冷却后经翻卷机翻卷过跨，送入另一钢卷库卧式堆放，待发运。

C 工艺布置特点和设备技术性能

a 步进式加热炉

一期建设的 1 号加热炉是一座自动化程度高、适应性强、节能、指标先进的宽厚板步进梁式加热炉（二期建设 2 号加热炉）。加热炉分为 8 个炉温自动控制段，对板坯实行有效灵活的加热，以适应板坯装炉温度的变化和产量的变化。炉底纵水梁采用错开布置形式，以减少和消除板坯黑印，获得好的板坯表面加热质量。炉底水梁和立柱采用汽化冷却方式和双重绝热包扎技术，以减少热损失，降低能耗。1 号和 2 号炉子基础在一期同时施工，以便于二期建设时安装 2 号炉设备即可，不至于影响生产的正常运行，另外还考虑了增设 3 号炉的可能。加热炉主要技术性能见表 3-4。

表 3-4　步进梁式加热炉主要技术性能

规格/mm × mm	10200 × 48700
产量/t·h⁻¹	300（碳钢、冷装）
板坯出炉温度/℃	1150 ~ 1250

b　粗轧机

粗轧机是一台大压下、高速轧制的四辊可逆轧机，前后配有立辊装置，用于破鳞、辅助平辊咬入、进行轧边以及适当调节板宽。改造后增设了快速换辊装置。二期工程增加一台粗轧机，实现粗轧可逆连轧，将大幅度提高轧机生产效率。

c　中间辊道

中间辊道设置保温罩，以减少中间板坯的热量损失，减少头尾温差和保证轧件进入精轧时的温度，以获得较高精度的成品尺寸和均匀的力学性能。

d　高压水除鳞装置

高压水喷嘴处水压不小于 18MPa。对板坯、中间坯上下面同时喷高压水。

e　切头飞剪

转鼓式飞剪，可高速切断 40mm 以下中间板坯，保证轧件头部质量，并利于精轧机组咬入。其剪切带坯厚度范围为 26 ~ 40mm，剪切带坯宽度范围为 600 ~ 1840mm，剪切温度不小于 900℃。

f　精轧机组

采用 6 机架连轧的形式，机组全部是四辊轧机，原配置有电动 APC 控制系统，改造后在 F2、F4 ~ F6 新增加液压 AGC 板厚控制系统，预留弯辊装置。为了提高生产效率和改善员工操作环境，F1 ~ F6 增设快速换辊装置。

二期建设时增加一台 F7 精轧机，以提高产品质量、生产效率，拓展产品品种，使机组压下制度更合理。精轧机主要技术参数见表 3-5。

表 3-5　精轧机主要技术参数

工作辊尺寸/mm	ϕ746.1/6731 × 2032
支撑辊尺寸/mm	ϕ1524/1371.6 × 2032
最大轧制力/kN	36000

g　带钢层流冷却装置

原有的层流冷却系统经过现代化改造，具有自适应冷却功能和易控制操作的特点，系统具有水压低、流量大、水压稳定、水流为层流的特性。根据带钢钢种、规格、温度及轧制速度等工艺参数，自动控制冷却集管的开闭，调节水流量、喷头组数，实现带钢冷却温度的精确控制，将带钢由终轧温度快速冷却至卷取温度，获得所需的金相组织和力学性能。冷却形式为无惯性管式层流冷却，上集管束 56 个，下集管束 120 个，带钢输入温度为 850 ~ 950℃，带钢输出温度为 550 ~ 650℃。

h　卷取机

一期投产的 1 号卷取机为原有的三助卷辊液压驱动形式的卷取机，具有踏步功能。侧导板为电动控制，动态响应。二期建设增设一台，以解决产能提高问题。卷取机主要技术性能见表 3-6。

表 3-6　粗轧机主要技术性能

卷筒直径/mm	$\phi762$
卷筒电机功率/kW	900
卷筒电机转速/r·min^{-1}	0/300/900
卷取速度/m·min^{-1}	150～841
卷取能力/mm	25×1840
卷取质量（最大）/t	30

i　轧线自动化控制系统

轧线自动化控制系统包括从上料辊道成品的收集到堆放的整个生产线的控制。由过程控制（L2）和基础自动化控制（L1）组成二级计算机控制系统。自动化系统采用 SIE-MENSS7－400PLC＋SIMATICTDC。系统采用光纤环形以太网通讯，TDC 之间采用 GDM 网络，实现数据同步和共享。生产报表自动生成，配备仪表、传感器、良好的人机交互控制画面（HMI）、工业电视、消防报警等检测和监视系统。

主电机均为英国著名 AEI、GEC 公司直流电机，一起建设全部修配改利旧使用，以节省工程投资。

3.5.3　马钢冷轧带钢轧制生产线实例

马钢新建冷轧带钢生产线于 2004 年投产，冷轧线采用了目前世界上较为先进的工艺技术和设备，以马钢热轧薄板为原料，主要产品为建筑用镀锌板和冷轧板，同时为马钢拟建的彩涂生产线提供基板。

3.5.3.1　冷轧生产的装备特点

马钢冷轧工艺流程如图 3-42 所示。

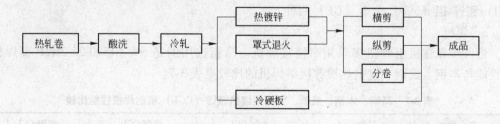

图 3-42　马钢冷轧工艺流程

A　酸洗-冷轧机组

a　入口钢卷处理段

该段主要设备有：两台开卷机的带钢装料系统，一台改进型 NMW-C 型闪光顶锻焊机，一台张力矫直机式破鳞机。NMW-C 型闪光顶锻焊机由三菱与新日铁公司合作设计制造，焊接带钢厚度范围为 1.5～6mm，带钢宽度为 920～1600mm。焊机额定功率为 1250kV·A，采用了自动高精度操作、焊接变压器的优化布置、无级高度调整的焊缝清理装置等先进技术，焊接质量好，焊接适应钢种范围广。

b　酸洗工艺段

酸洗线采用连续式浅槽酸洗机组，在每个酸槽内配备了浸入线圈式换热器，以消除由酸循环系统造成的故障。为进一步提高酸洗效率，酸槽预留增加浸入箱的功能。漂洗槽采用串级喷射系统，除去残留在带钢表面的酸液。

c　安德里茨酸再生装置

安德里茨酸再生装置采用鲁斯纳喷雾焙烧法，配有废酸纯化工艺（WAPUR），将废酸通过中和、沉淀、过滤、喷雾焙烧以及漂洗吸收等工序处理，回收氧化铁和再生 HCl，再生后的 HCl 循环使用。

d　冷连轧机组

冷连轧机组采用三菱-日立公司提供的改进型 4 架 UCM 轧机。工作辊直径为 425～385mm，中间辊直径为 490～440mm，支撑辊直径为 1150～1300mm。工作辊和支撑辊辊身长度分别为 1720mm 和 1757.5mm，采用 HYROP-F（带执行电机的液压轧辊定位系统）压下装置。轧机具有正负工作辊弯辊、正中间辊弯辊、中间辊窜动、轧辊调平功能。带钢卷取设备采用一台新型的轮盘式卷取机，取代了传统的两台单卷筒卷取机，缩短了轧机出口到卷取机的距离，减少了带钢头部超差长度，有利于穿带操作，并使卷取过程更为稳定。

B　罩式退火炉

罩式退火线采用奥地利 EBNER 公司提供的全氢罩式光亮退火炉，可实现钢卷在全氢气氛下的光亮退火。全线包括 39 个炉台、19 个加热罩、19 个冷却罩和 30 个最终冷却台。典型处理的钢种为 Q345、Q195 和 08Al，热处理温度控制范围为 250～750℃。罩式退火炉中央控制系统中集成了钢卷优化堆垛模块，具有自动提供钢卷堆垛信息、自动设定点计算、加热模型计算、全自动过程控制等功能，确保了带钢退火质量，提高了生产效率。

C　连续热镀锌机组

马钢冷轧厂连续热镀锌机组由日本新日铁技术总承包，产品按镀层分类，有纯锌（GI）和锌-铝（5%）合金（GF）两种。

a　焊机

近些年新建机组焊机多采用窄搭接焊机。马钢选用的是 SW-C1500-25-2R2P 型焊机，其性能与本钢、武钢、宝钢热镀锌机组焊机的比较见表 3-7。

表3-7　马钢、本钢、武钢、宝钢连续热镀锌（CGL）机组焊机性能比较

参　数	马钢 CGL	本钢 CGL	武钢 CGL	宝钢 CGL
焊接厚度/mm	0.30～2.50	0.30～2.50	0.25～2.50	0.30～3.00
焊接长度/mm	2100	1700	1560	2080
搭接量/mm	0～3.00	1.00～5.00	1.50～5.00	1.00～6.35
焊缝厚度/mm	最大 10，最小 0.07	最大 10，最小 0.07	10～20	最大 10，最小 0.07

参　数	马钢 CGL	本钢 CGL	武钢 CGL	宝钢 CGL
夹紧力/kN		100	60	100
焊接速度/m·min⁻¹	最大15	1.0 ~ 20.0	最大10.0	1.2 ~ 11.9
焊接周期/s	46	58	60	120
焊接直径/mm	320 ~ 280	250 ~ 215	250 ~ 215	320 ~ 240
变压器功率/kV·A	310	300	250	250
电压/V	380	380	380	380
频率/Hz	50	50	50	50

焊机每套电极头可在3min内实现快速更换，并且焊机可以进行焊接模式的储存。

b　连续退火炉

热镀锌线选用了改进型卧式退火炉，由预热（PH）和无氧化段（NOF）、辐射管炉段（RTF）、喷射冷却段（JCF）、带热张紧辊的转向段和锌鼻段组成。

NOF段炉顶采用陶瓷内衬，能减少炉顶蓄热，降低能量消耗，并能完全避免表面划伤。可伸缩式锌鼻适用于停机换锅，并有双密封氮气喷射挡板，避免清理锌鼻内炉渣时大气进入炉内。安全燃烧系统在停机时，紧急引入氮气，以防NOF段断带。

c　锌锅和气刀

锌锅采用电感应加热式陶瓷锌锅，分为GI、GF两个锌锅，感应线圈采用水冷方式，镀锌温度分别为460℃（GI）和420℃（GF）。锌锅移动速度为1m/min。设有加锌锭装置。气刀由新日铁提供，有一对主气刀和两对辅气刀（边部处理），锌层厚度采用闭环控制，也可以采用人工精密调整。

d　张力矫直机

张力矫直机利用张力和弯曲来延伸钢带，提高钢带平整度，防止钢带在冲压成形时损坏；并可提高抗拉强度，消除应力平台，提高产品的冲压性能。张力矫直机为六辊式，矫直机伸长率最大为2.0%（CQ级）。快速换辊装置可在3~5min内更换中间辊和工作辊。在焊缝通过时，有快速打开模式。

e　光整机

光整目的是调节钢带表面的粗糙度、平直度，提高抗拉强度，降低屈服点，提高塑性变形范围，防止钢带在挤压成形时损坏。光整机为四辊湿式光整机（设有抗皱辊和抗横弯辊）。主传动为上下工作辊传动，最大伸长率为2.0%（CQ级）。

D　平整机组

平整机组采用单机架平整机，由意大利DANIELI公司提供，带有液压自动辊缝控制、E型块工作辊弯辊、轧制线调整和自动运行优化功能。工作辊直径为390~440mm，辊面长度为1750mm，支撑辊直径为910~1000mm，辊面长度为1700mm。采用湿平整工艺，伸长率最大为3.0%。有恒伸长率控制和恒轧制力控制两种控制模式。

E　精整线

冷轧厂配有一套包括横切、纵切机组和重卷机组的精整线，其中横切机组两条，纵剪机组一条，重卷机组一条，原料为冷轧退火平整钢卷及热镀锌钢卷。

3.5.3.2　工艺技术特点

A　酸洗－冷轧工艺

酸洗－冷轧联合系统（CDCM）是 20 世纪 80 年代发展起来的新型生产冷轧薄板的新技术。经过不断的改进和创新，主机完善、合理、成熟起来。马钢冷轧薄板厂酸洗采用的浅槽式酸洗机组与大多数浅槽机组相似，酸洗工段前设置了最大伸长率为 3.0% 的二弯-矫湿式拉矫破鳞机，通过大延伸的拉矫破鳞，可有效减少酸洗时间和改善原料板形，酸洗产生的废酸由废酸再生装置回收处理，为了提高回收生产的 Fe_2O_3 的质量，回收装置前增设了脱硅装置。

冷轧生产的目标就是要获得精确尺寸和板形良好的产品，UCM 轧机通过中间辊窜动以及弯辊，提高了板形控制能力。马钢冷轧 UCM 冷轧机组配有多台测厚仪、多普勒激光测速仪、板形仪以及张力计辊等检测仪器，采用了 AGC、ASC、FGC 等控制模型，保证了冷轧薄板的尺寸精度和板形。

厚度控制方面考虑了热卷厚度和硬度偏差、轧辊偏心和轧辊热膨胀、加减速影响以及中间机架张力的波动的影响，在不同机架上分别采用 FB-AGC、F-AGC、BASICAGC 等自动厚度控制技术，可以进行动态变规格连续轧制。

B　连续热镀锌工艺

马钢连续热镀锌采用了改良森吉米尔法生产工艺，设有炉前预清洗，采用卧式连续退火炉和两台可在线更换镀层品种的感应式加热陶瓷锌锅，镀后冷却为风冷加水冷，镀层使用闭环控制，并有湿式光整和拉矫，镀层表面采用纯锌钝化和锌铝防黑化处理。

焊机后设有月牙剪，切除焊缝处边部，从工艺上防止带钢在运行过程中段带。退火炉前清洗段能有效去除带钢表面轧制油、铁粉等，使带钢在进退火炉前就已经清洁，更好地保证了产品的表面质量。

连续退火炉全长 155.1m，为防结瘤、无氧化，辐射管段入口处炉内辊采用直接水冷设计。无氧化段炉顶为陶瓷内衬，避免炉顶掉渣造成带钢表面划伤，并可节能。连续退火炉能在高炉温（NOF、RTF 段 600℃）状态下，通过穿带棒，实现高温穿带。炉内辊全部用 AC 矢量电机驱动，每根炉辊均有良好的电控速度调节，可防止运动中的带钢与炉辊表面微小滑动而产生的缺陷。炉温控制由各区的热电偶测量来控制，带温控制通过 NOF、RTF 段辐射高温计来控制。锌鼻设计成可伸缩式，适合锌锅更换，且有氮气喷射挡板，可避免清理锌鼻内炉渣时空气进入炉内。

感应加热陶瓷锌锅均带有液位传感器，并可实现在线更换，用于产品镀层种类的改变。生产线设有 X 射线镀层测重装置，能实现镀层重量动态闭环控制。镀后采用四辊湿式光整和六辊式拉矫，可改善带钢力学性能、外形和表面质量。

C　平整工艺

平整机组采用湿平整工艺，可提高带钢的表面质量，降低轧制负荷，且能较长时间保持轧辊表面的粗糙度，减少了轧辊消耗。平整机组、精整机组均设有静电式涂油机，涂油机精度高且均匀。

3.5.3.3　质量控制和水平

A　冷轧产品质量控制

酸洗和轧机联合机组的年产量为 1.528Mt，产品以建材用薄板为主，产品厚度范围为

0.30 ~ 2.5mm，宽度范围为 900 ~ 1575mm，最大卷重 28.35t。低碳钢产品实物质量水平高于日本标准 JIS3141，高强度低合金钢（HSLA）产品实物质量水平高于日本标准 JIS3135。

冷轧产品质量控制的首要因素是原料质量，冷轧所需原料全部由上游的 CSP 生产线提供。为提高产品表面质量，冷轧机组循环系统针对多种轧制程序提供了高低浓度的两个循环系统与乳化液调配系统，可根据需要提供低浓度乳化液、高浓度乳化液及清洁液，在油箱和供流线上配备了加热器和冷却器，以控制乳化液的工作温度，并对最后一个机架配置了清洁系统，以保证退火后带钢表面的清洁。

根据不同的产品要求，平整机组可以采用干平整或湿平整工艺，并可通过选择光辊或毛化辊为板面赋予产品不同的粗糙度。

B 热镀锌质量的控制

热镀锌机组年产量为 350kt，成品厚度为 0.30 ~ 2.50mm，宽度为 900 ~ 1575mm，卷重为 5 ~ 28.35t。产品种类包含纯锌（GI）和 Zn-5% Al 合金（GF）两大类，全部为无锌花产品，镀层质量为 80 ~ 600g/m^2（双边）。表面处理包括钝化（GI）、表面防黑化（GF）及表面涂油，产品标准执行 JIS、DIN、ISO 或国标，也可满足用户的一些特殊要求。其中 Zn-5% Al 合金（GF）镀层产品比普通热镀锌板的耐蚀性寿命高 1 ~ 3 倍，加工成形性优于普通热镀锌板，可焊性与热镀锌板相当，是优良的建筑用板。

a 镀层重量的控制

镀层重量的控制将在线镀层重量测量与气刀参数控制结合，使预设值与目标值相符，实现闭环控制系统，而且涂层控制有自学习功能。

b 镀层质量的控制

镀层质量的控制从原料、入口清洗、连续退火、镀锌均有相应措施。

（1）原料。原料来自于冷轧线。要求带钢表面残余油量控制在 300g/m^2（每边）以下，残余铁量小于 150mg/m^2（每边），无铁锈和脏物，无毛刺，边部粗糙度和耳子小于 0.5mm，钢卷两边无肉眼可见缺陷，且有严格的平直度和塔形要求。

（2）入口清洗。入口清洗段设有碱液喷洗、碱液刷洗、热水漂洗，保证入炉之前，带钢表面残余油量控制在 30mg/m^2（每边）以下，残余铁量小于 50mg/m^2（每边）。

（3）连续退火。连续退火炉有防止结瘤、落渣划伤、带辊相对活动造成缺陷的功能，并能保证带钢进锌锅时的温度及宽度上的温度均匀性。

（4）镀锌。锌锅温度波动范围能控制在 ±5℃，并有涂镀闭环控制系统，可保证镀锌质量的稳定，镀后冷却油风冷和水淬，调节灵活，镀后湿式光整和六辊拉矫能改善带钢力学性能、外形和表面质量。

复习思考题

3-1 讨论中厚板、热轧薄板和冷轧薄板的厚度范围和生产工艺。

3-2 简述柳钢热轧带钢轧制生产线的工艺流程。

3-3 简述马钢酸轧线的工艺和设备特点。

3-4 讨论南钢中板改造前后的状况。

3-5 钢板的生产热处理工艺有哪些，说明它们的目的和手段。

4 管材生产及实例

4.1 管材产品分类及特点

4.1.1 钢管的生产方法

无缝钢管是一种经济断面钢材，在原油开采和加工、管道输送、机械制造、锅炉制造以及大型场馆建设等方面应用十分广泛。钢管生产主要方法有热轧（包括挤压）、焊接和冷加工三大类，冷加工是钢管的二次加工。

4.1.1.1 热轧无缝钢管

热轧无缝钢管生产过程是将实心管坯（或钢锭）穿孔并轧制成具有要求的形状、尺寸和性能的钢管。整个过程有 3 个主要工序：

(1) 穿孔，将实心坯（锭）穿轧成空心毛管；

(2) 轧管，将毛管在轧管机上轧成接近要求尺寸的荒管；

(3) 定减径，将荒管不带芯棒轧制成具有要求的尺寸精度和真圆度的成品管。

生产中，按产品品种、规格和生产能力等条件的不同而选择不同类型的轧管机。由于不同类型的轧管机轧管时轧件的运动学条件、应力状态条件、道次变形量、总变形量和生产率等有所不同，因此必须为它配备在变形量和生产率方面都匹配的穿孔机和其他前后工序的设备。这样一来，不同的轧管机相应构成了不同的轧管机组。热轧无缝钢管的生产方法就是以机组中轧管机类型分类的，目前常用的热轧无缝钢管生产方法见表 4-1。一个机组的具体名称以该机组品种规格和轧管机类型来表示，如 $\phi168mm$ 连续轧管机组就是指产品的最大外径为 168mm 左右的、轧管机为连续轧管机的机组。钢管热挤压机组用挤压机的最大挤压力（吨位）或产品规格范围来表示其型号。

表 4-1 常用的热轧无缝钢管生产方法

生产方法	原料（管坯）	主要变形工序用设备		产品范围			
		穿孔	轧管	外径 D/mm	壁厚 S/mm	D/S	荒管最大长度/m
自动轧管机组	圆轧坯	二辊式斜轧穿孔机桶形辊或锥形辊	自动轧管机	12.7~426	2~60	6~48	10~16
	连铸圆坯						
	连铸方坯	推轧穿孔机(PPM)和延伸机		165~406	5.5~40		
连轧管机组	圆轧坯	二辊式斜轧穿孔机桶形辊或锥形辊	浮动、半浮动、限动(MPM、PQF)	16~194	1.75~25.4	6~30	20~33
	连铸圆坯			32~457	4~50	6~50	
	连铸方坯	推轧穿孔机(PPM)和延伸机	限动(MPM)	48~426	3~40	6~40	

生产方法	原料（管坯）	主要变形工序用设备		产品范围			
		穿孔	轧管	外径 D/mm	壁厚 S/mm	D/S	荒管最大长度/m
三辊轧管机组	圆轧坯、连铸坯	二辊斜轧或三辊斜轧	三辊轧管机（ASSEL）	21~250	2~50	4~40	8~13.5
皮尔格机组	圆锭	二辊斜轧穿孔	皮尔格轧机	50~720	3~170	4~40	16~28
	方锭或多棱锭 连铸管坯	压力穿孔和斜轧延伸					
顶管机组	方坯	压力穿孔和斜轧延伸	顶管机	17~1400	3~250	4~30	14~16
	圆坯、方锭或多棱锭	斜轧穿孔					
热挤压机组	圆锭、方锭或多棱锭	压力穿孔或钻孔后压力穿孔	挤压机	25~1425	≥2	4~25	约25

4.1.1.2　焊管

焊接钢管也称焊管，其生产方法是将管坯（钢板或钢带）用各种成形方法弯卷成要求的横断面形状，然后用不同的焊接方法将焊缝焊合的过程。成形和焊接是其基本工序，焊管生产方法就是按这两个工序的特点来分类的。焊接钢管生产工艺简单，生产效率高，品种规格多，设备投资少，但一般强度低于无缝钢管。20世纪30年代以来，随着优质带钢连轧生产的迅速发展，以及焊接和检验技术的进步，焊缝质量不断提高，焊接钢管的品种规格日益增多，并在越来越多的领域替代了无缝钢管。焊接钢管按焊缝的形式分为直缝焊管和螺旋焊管。

直缝焊管生产工艺简单，生产效率高，成本低，发展较快。螺旋焊管的强度一般比直缝焊管高，能用较窄的坯料生产管径较大的焊管，还可以用同样宽度的坯料生产管径不同的焊管。但是与相同长度的直缝管相比，焊缝长度要增加30%~100%，而且生产效率较低。因此，较小口径的焊管大都采用直缝管，大口径焊管则大多采用螺旋焊。

4.1.1.3　冷加工钢管

钢管冷加工方法有冷轧、冷拔和冷旋压三种，其产品规格范围见表4-2。冷旋压本质上也是冷轧。冷加工可生产比热轧产品规格更小的各种精密、薄壁、高强度及其他特殊性能的无缝钢管。如喷气发动机用 $\phi2.032$mm $\times0.38$mm 高强度耐热管和 ϕ（4.763~31.75）mm $\times$（0.559~1.626）mm 的不锈钢管。这些规格的钢管是热轧法无法生产的，因此冷加

表4-2　钢管冷加工的产品规格范围

冷加工方法	产品范围				
	外径 D/mm		壁厚 S/mm		D/S
	最大	最小	最大	最小	
冷轧	500.0	4.0	60.0	0.04	60~250
冷拔	762.0	0.1	20.0	0.01	2~2000
冷旋压	4500.0	10	38.1	0.04	12000以上

工更能适应工业及科学技术飞速发展的某些特殊需要。冷轧机和冷旋压机的规格用其产品规格和轧机形式表示；冷拔机规格用其允许的额定拔制力来表示。如 LG-150 表示的是成品外径最大为 150mm 的二辊周期式冷轧管机；LD-30 表示的是成品外径最大为 30mm 的多辊式冷轧管机；LB-100 表示的是拔制力额定值为 100t 的冷拔管机。

4.1.2 连轧无缝钢管生产技术的发展

4.1.2.1 连轧无缝钢管生产技术的发展历程

连续轧管法是一个历史悠久的方法，连续轧管技术是无缝钢管生产中一项重要的工艺技术，它以长芯棒连续纵轧为技术特征。从 1890 年 Kellogg 五机架连轧管机问世至今，连轧管机已有 121 年的历史。但是连轧管机技术仅自 20 世纪 50 年代以来，由于电器传动技术和张力减径技术的出现，以及液压技术和计算机控制技术的应用，才发展完善，发挥日益重要的作用。众多轧管工艺大师们在不懈努力下，丰富和完善了连轧轧管工艺，并形成了三种不同的连轧管工艺：全浮动芯棒连轧管工艺、限动芯棒连轧管工艺和半浮动芯棒连轧管工艺，并将连轧管工艺推向一个崭新的阶段。无缝钢管连轧工艺百余年来主要经历了如下 5 个阶段：

（1）第一阶段，1904～1934 年。这一阶段以 Fassel 轧机为代表。Fassel 轧机以交流电机组传动、全浮动长芯棒轧制为机组的主要技术特征。热轧管仅用于冷拔坯料，品种规格少、质量差、生产率低。1913 年美国 Pittsburgh Steel Products Co. Monessen 厂生产的 $\phi40$ ～65mm 连轧管机，就是德国按 Fassel 轧机设计的，它是这一阶段的代表机组。

（2）第二阶段，1934～1950 年。这一阶段以 Foran 轧机和 Lorain、Gary 厂的连轧管机组为代表。1934 年美国 Globe Steel Tube Co. 的 26 机架单独传动的连轧管机投产，它是采用直流电机单独传动的全浮动芯棒连续轧管机，是由该公司 Foran 工程师设计的。1984 年后，Lorain、Gary 厂和 Ellwood 厂的全浮动芯棒连轧管机组配置了张力减径机，扩大了品种规格范围，设计月产量达 0.8 万～2.0 万吨。

（3）第三阶段，1961～1978 年。20 世纪 60 年代的连轧管机组仍以全浮动长芯棒轧制和直流电机单独传动为主要特征，但由于配置了多机架、单独传动的张力减径机，产品品种规格增至 400～500 种，月产量可达 40～50kt。在 1970～1978 年，由于连轧工艺理论及张减工艺理论的研究卓有成效，深化了对连轧工艺的认识，采用"竹节"控制、CEC 控制及电子计算机控制的连轧管机组先后投产。这一阶段代表机组是原联邦德国 Mulheim 钢管厂的 RK2 机组。

（4）第四阶段，1978～2003 年。这期间，限动芯棒连轧管工艺（MPM）及半浮动芯棒连轧管工艺（MRK-S）得到了发展并日趋成熟，形成了 3 种连轧管工艺并存的局面。在早期 MPM 机组中采用了压力穿孔（PPM）工艺；在 MRK 机组中采用 Diescher 斜轧机为延伸机或穿孔机。应用 MPM 和 MRK 工艺生产的钢管毛管长度增加，外径范围扩大，年产量可达 700～800kt，MPM 工艺的代表机组为意大利 Dalmine 钢管厂的 MPM 轧管机组，南非 Tosa 钢管厂的 Mini-MPM 机组；MRK-S 工艺的代表机组为日本八幡制铁所的连轧管机组。

（5）第五阶段，2003 年至今。以三辊连轧管工艺为特征的 PQF 轧机技术，继承发展了张减机从二辊向三辊转变的必由之路，展示了三辊轧制工艺，也展示了轧机结构在轧制变形条件、变形应力、机架、轧辊受力、电气负荷分配以及轧机轧辊刚性等方面的优势，使其在轧制产品规格范围、径壁比（D/S）、壁厚精度、成材率、工具消耗、高合金难变形材料轧制等方面具有二辊轧机无可匹敌的优点。另外，在 PQF 三辊连轧管机组上使用了 HCCS、PSS 系统，实现生产工艺过程的控制。其中，使用 HCCS 系统控制连轧机的液压压下装置的动作，实现辊缝控制；通过工艺参数的计算和控制实现温度补偿、咬入冲击控制、锥形芯棒伺服、头尾削尖等功能。PQF 三辊代表机组为天津钢管公司的 ϕ168mm 机组，是世界上第一台 PQF 机组，世界上最大规格的连轧管机组 ϕ460mm PQF 机组，也在该公司建成投产。目前全球已经建成和正在筹建的 PQF 三辊连轧管机组有近 10 套。

20 世纪 80 年代以后投产的连轧管机组分别采用了上述 3 种连轧管工艺，从而将连轧管工艺技术推进到了一个新阶段。

纵观连轧管工艺技术的历史，其进展主要集中在两大方面：轧管工艺设备和自动控制技术。表现在芯棒运动速度及控制方式、连轧机机架数、轧机机架中的轧辊数，以及前后配套的穿孔机组和张力减径机组的组合变化。从芯棒运动速度及控制方式角度分，连轧管工艺可划分为全浮动、限动和半浮动芯棒连轧管工艺。在大口径钢管的生产领域内，限动芯棒连轧管工艺已有建树，这已被连轧管工艺的实践所证实。在小口径钢管的生产领域内，连轧管工艺也扩大了应用范围。3 种连轧管工艺在 194mm 以下的管径范围内的广泛应用，非其他轧管工艺所能匹敌。

连轧管工艺自动控制方面的进展，主要是由于计算机技术和工艺控制理论的发展而产生的连轧管工艺自动控制软件包。新一代轧管工艺自动控制软件包不但可以弥补某些连轧管机组的先天不足，而且可以有效地自动控制生产工艺过程，提高工艺过程生产控制水平和产品质量。

连轧管工艺技术在设备方面按芯棒运动方式、连轧机机架数、轧机机架中的轧辊数可组合成多种连轧管机组，这些在我国都已得到了应用。

全浮动芯棒连轧管工艺在中小口径钢管生产领域中仍保持高节奏、高产量的特点。宝钢钢管公司 ϕ140mm 浮动芯棒连轧管机组年产钢管 800 kt 以上，大大超过了 500kt/a 的设计能力。

限动芯棒连轧管工艺可比全浮动芯棒连轧管工艺获得更长、更大尺寸的钢管，由于它的出现晚于全浮动芯棒连轧管工艺，在工艺自动控制技术配置上优于前者，显示其相对的优势。Mini-MPM 机组的出现，使连轧管机的投资大大降低，使得在同一名义尺寸下，轧机的牌坊尺寸、轧辊的尺寸都相应减小，芯棒长度缩短，轧辊等工具的备用量也相应减少，使得轧制的成本明显降低。另外，轧机的灵活性增加，机组的产量适中。

半浮动芯棒连轧管工艺是在限动芯棒连轧管工艺之后诞生的连轧管工艺技术。相同规格条件时，这种工艺的生产节奏和产能介于全浮动芯棒连轧管工艺和限动芯棒连轧管工艺之间。虽然产能比全浮动芯棒连轧管工艺低些，但是它较好地解决了全浮动芯棒连轧管工艺所产生的壁厚"竹节"问题。随着新机型的不断出现，半浮动芯棒连轧管工艺将得到进一步发展。

PQF 连轧管机芯棒前行循环的操作方式，结合了半浮动芯棒连轧管工艺思想，是限动连轧管工艺的又一创新，这种工艺的生产节奏介于半浮动芯棒连轧管和限动芯棒连轧管工艺之间，但它的产能比芯棒返回式工艺高出 20% 以上，这为限动芯棒轧机在小口径钢管生产领域的发展开辟了一条新的途径。另外，三辊轧制工艺使金属的变形条件更好，壁厚精度进一步提高，管子表面质量更佳；轧机效率和灵活性提高。PQF 三辊式连轧管机成为连轧管家族中又一充满活力的新秀。

如今，连轧管工艺技术在这一时段内已基本形成格局，但连轧管工艺的自动控制技术仍具有很大的发展空间。在进入数字化的世界性大趋势中，连轧管工艺的自动控制技术是连轧管工艺拓展的新的聚焦点，先进的轧管工艺自动控制软件包的实际应用，将会使连轧管家族更完美、更具有生命力。

4.1.2.2 限动芯棒连轧钢管技术的发展历程

钢管的限动连轧工艺从 20 世纪 70 年代 MPM 限动芯棒连轧管机组的基础上发展开始，到目前为止，限动芯棒连轧管机已经成为当代最先进的轧管技术。

限动芯棒连轧管工艺发展有 4 个阶段。限动芯棒连轧管工艺的技术发展史可追溯自1890 年，Pfeiffer 在一篇文章中写道："1890 年发明家 Heckert 申请了连轧技术专利，该技术采用 10 架两辊高速轧机固定芯棒轧制空心管坯。可见在 Calmes 多机架轧管机问世前 80年，就已有了雏形。" 1968 年，A. H. Calmes 取得了 MPM 连轧管工艺的专利。10 年后，第 1 套 MPM 连轧管机在 Dalmine Bergamo 钢管厂投产，到 2003 年 9 月天津无缝钢管公司三辊式限动芯棒连轧管机投产，已经历了整整 25 年。与全浮动芯棒连轧管技术的发展相比，这种工艺技术的发展变化很大。

钢管技术发展到今天，最引人注目的就是三辊连轧管机组 PQF。PQF 轧机目前是提高产品质量、降低成本、提高经济效应的最新轧管机。PQF 连轧管机是意大利 INNSE 公司专家 Mr. Pirovano 在 1986 年根据液压压下机械的成熟理论及实践经验，在连轧管机不断改进的基础上完成的初步构想，他提出了 PQF 连轧机的结构设计，并在张减机上进行了实验。试验证明，伺服液压压下在连轧管机上应用是可行的，其设计紧凑合理。PQF 工艺是通过三辊可调机架和芯棒来完成钢管的轧制，与传统的两辊限动芯棒连轧管机相比，在工艺的经济性和产品质量方面有优势，特别是轧制钢管的壁厚精度和壁厚不均匀度方面优于两辊轧机轧制的精度。

PQF 的成就标志着限动芯棒连轧管技术的发展完善，为长芯棒连轧管技术近百年发展史谱写了一段华彩乐章。

4.1.2.3 连轧钢管技术的新进展

连轧管技术近年来的新进展主要有以下 4 个方面：

（1）减少机架数目。以往的连轧管机，机架数目一般不少于 7~8 架。从 20 世纪 90年代以来建设的机组，机架数目可减少到 5~6 架。减少机架数目可以减少建设投资；可以缩短轧机长度，便于生产操作和提高生产率；可以缩短工作芯棒长度，节约工具消耗。能够在产品品种规格相同的条件下减少机架数目得益于以下几方面：

1）连铸坯冶炼和浇注技术的进步，为用斜轧穿孔的方法向连轧管机提供较薄的毛管创造了条件；

2）制造和电控技术的发展，提高了设备运行的速度和可靠性，为减少毛管从穿孔机运往连轧机过程中的温降创造了条件。

（2）采用液压压下装置。利用 HCCS 系统（hydraulic capsule control system）和 PSS 系统实现生产工艺过程的控制。其中，使用 HCCS 系统控制连轧管机的液压压下装置的动作，实现辊缝控制。另外，通过 PSS 系统和 HCCS 系统控制，可实现温度补偿、咬入冲击控制、锥形芯棒伺服和头尾削尖等功能。使用 PSS 系统可进行工艺设定参数的计算，同时通过轧制力参数的信号采集和图表化显示，对每根钢管的轧制过程进行监控、数据分析和存档。温度补偿是根据入口测温装置读出的温度采样数据，在轧制过程中实现辊缝的微调，以改善轧件因长度方向上的温度不均所形成的壁厚差异。头尾削尖（tail and end sharpen）技术是通过对连轧管机轧辊辊缝（即压下装置的液压缸位置）和主电机转速的精确快速控制，轧制出头尾减薄的管子，以抵消在钢管生产过程中，钢管头尾由于轧管机咬入和抛钢过程的不稳定而产生的壁厚增厚，以及在张力减径机中产生的头尾壁厚增厚，降低切头切尾损失，提高成材率。锥形芯棒伺服功能是通过对芯棒锥度的计算，控制压下缸的工作行程，实现依据芯棒长度方向上的锥度计算出的辊缝值进行实时控制，从而补偿因锥形芯棒使用造成的钢管长度方向上的壁厚差异。咬入冲击控制是依据轧机弹跳模量数据，计算出咬入和抛钢瞬间的辊缝弹跳值，按照此参数控制轧机辊缝预压下，在加载和卸载信号出现前后，控制连轧压下缸的动作，从而补偿因轧机弹跳造成的钢管头尾壁厚增量。

（3）采用三辊式封闭孔型。采用三辊式封闭孔型的优点在于：

1）孔型由 3 个轧辊的轧槽组成，孔型的封闭性好，适合用于轧制宽展倾向大的合金钢管；

2）轧槽沿宽向各处的辊径差异和由此引起的速度差异较小，从而可减少轧件与轧槽的相对滑动，和降低辊缝处轧件金属受到的纵向拉应力，为轧制塑性较低的高合金钢管创造了条件；

3）与二辊式机架相比，在同等条件下每个轧辊承受的轧制力小，并因此可采用较小的辊径，而小的辊径又有助于轧件金属延伸和降低单位压力，这就为轧制大口径的或高变形抗力的合金钢管提供了良好的条件；

4）由于在同等条件下可采用较小的辊径，因而可以缩短轧机长度，便于生产操作和提高生产率；可以缩短工作芯棒长度，减少工具消耗。

（4）芯棒前行循环。以往，每根荒管轧制结束，即最后机架抛钢后，荒管在脱管机内继续前进，芯棒由限动机构制动而停止向前运行，芯棒前端面停留在连轧机与脱管机之间的辊道上。当荒管与芯棒完全脱离后，芯棒由限动机构带动快速回送至前台，再由拨料器将它拨入芯棒返回辊道，进入冷却、润滑和预插棒循环。新的尝试是：每根管轧制结束后，荒管在脱管机内继续前进，芯棒由限动机构制动而停止向前运行，芯棒前端停留在连轧机与脱管机之间的辊道上。当荒管与芯棒完全脱离后，芯棒限动机构将芯棒释放，芯棒向前运行，至到达脱管机出口辊道后，用拨料机将其从轧线中拨入芯棒返回辊道，进入冷却、润滑和预插棒循环。而芯棒限动机构在释放芯棒后快速返回到后极限位置（"零位"），进行下一根管子的轧制程序。为此，机组需要配置轧辊可快速打开和闭合的三辊式脱管/定径机。采用这种芯棒前行循环方式，可缩短轧制的辅助时间，提高连轧管机生产率。

4.1.2.4　我国连轧管机组的建设情况

我国于 20 世纪 70 年代开始研制全浮动芯棒连轧管机，国产的 $\phi76mm$ 全浮动芯棒连轧管机组于 20 世纪 80 年代末在衡阳钢管厂试生产。从 20 世纪 80 年代初开始，我国陆续引进连轧管机生产线。至今，我国有 10 套连轧管机组，其中全浮动芯棒连轧管机组 1 套；

半浮动芯棒连轧管机组 1 套；限动芯棒连轧管机组 8 套。在这些机组中，除一套限动芯棒连轧管机组为国产的外，其余均为引进设备。在限动芯棒连轧管机组中，有两套是引进的三辊式机架的连轧管机组，即 PQF 机组。几个典型机组分别介绍如下。

（1）宝钢无缝钢管厂 ϕ140mm 全浮动芯棒连轧管机组（MM）。1986 年建成投产的宝山钢铁公司无缝钢管厂，是我国从德国引进的第一套先进的无缝钢管连轧机组，主要用于生产油井管和锅炉管，具有现代化的管理模式和全自动化生产方式。该机组的特点是生产节奏快，每分钟可轧 4 支 30 多米长的钢管；它的建成投产大幅度提高了我国油井管、锅炉管的各项技术指标（钢管的内外表面质量、壁厚精度、综合性能、成材率等）及自给率，是我国现代化无缝钢管发展的一个里程碑。

（2）天津钢管公司 ϕ250mm 限动芯棒连轧管机组（MPM）。1992 年建成投产的天津钢管公司 ϕ250mm 限动芯棒连轧管机组是由意大利引进的，主要产品定位于当时国内紧缺的石油套管。该机组的最大优点是所轧钢管的壁厚精度比用全浮动芯棒工艺生产的钢管高 1~2 个百分点，可轧制 $D/S > 42$ 的薄壁钢管，并配备了在线测量钢管壁厚、外径和长度的仪器，因此能及时监控钢管的几何尺寸。该机组的投产大幅度提高了我国在世界石油套管市场占有的份额。其产品不仅能满足国内各油田的要求，而且近几年每年出口欧美、中东 100kt 以上。它的建成使我国从石油套管净进口国变成净出口国，全面提升了我国无缝钢管生产的地位。该机组 2006 年的产量达到了 1Mt，成为世界上单产最高的无缝钢管轧机。

（3）衡阳钢管厂 ϕ89mm 半浮动芯棒连轧管机组。1997 年建成投产的衡阳钢管厂 ϕ89mm 半浮动芯棒连轧管机组是由德国引进的，主要产品为高压锅炉管。其锥形辊穿孔机的传动轴布置在入口侧，辗轧角为 10°（一般锥形辊穿孔机的传动轴布置在出口侧，辗轧角为 15°）；所采用的半浮动芯棒连轧工艺，既有限动芯棒连轧管机壁厚精度的特点，又有浮动芯棒连轧管机轧制节奏快的特点，适合于生产小口径无缝钢管。该机组具有较大的减壁延伸功能，且生产的钢管表面质量和尺寸精度较好，生产率高。

（4）包钢连轧管厂 ϕ180mm 少机架限动芯棒连轧管机组（Mini-MPM）。2000 年包钢钢联股份有限公司连轧管厂 ϕ180mm 限动芯棒连轧管机组，即少机架限动芯棒连轧管机组建成投产。该机组是由意大利引进的，主要产品为油井管和锅炉管。该机组既保留了 MPM 的特点，又大大降低了机电设备投资和基建费用；由于连轧机轧辊调整用全液压压头代替传统的机电系统调整轧机，因而可实现在线调整辊缝，也可根据预设定位置，适时调整辊缝，使钢管的头尾轧成锥形，以改善钢管头尾的壁厚偏差，提高成材率。该机组的另一特点是，12 架微张力定径机与 24 架张力减径机串列布置。

（5）鞍钢无缝钢管厂 ϕ159mm 限动芯棒连轧管机组。2002 年鞍钢集团无缝钢管厂通过对灵山 ϕ140mm 轧管机组的技术改造，建成一套 ϕ159mm 限动芯棒连轧管机组。该连轧机由德国引进，其穿孔机为锥形辊卧式、带导板，辗轧角仅为 3.3°，完全由国内设计制造。

（6）天津钢管公司 ϕ168mm 限动芯棒连轧管机组（PQF）。2003 年天津钢管公司为使产品系列化，填补市场短缺的钻杆、油管等缺口，建成了由世界最先进的三辊连轧管机（PQF）、FQS 脱管机、带导盘锥形辊穿孔机，以及 24 架张力减径机组成的 ϕ168mm 限动芯棒连轧管机组。这是世界上第一套 PQF 机组。采用三辊设计的孔型比传统的二辊设计的孔型圆度好，且孔型半径差小，有利于轧件的均匀变形和轧辊的均匀磨损。PQF 机组投产后以生产高强度和具有自主知识产权的特殊钢级油井用管、高压锅炉管及不锈钢管为主，还成功轧制了 13Cr、304L 等不锈钢无缝管，满足了国内外市场的需求。该机组的最大优势：一是由于三辊孔型的半径差小于二辊，所以轧件变形更加均匀、平稳，使产品的壁厚精度和表面质量高于 MPM 轧制的钢管；二是采用了在线脱棒工艺，使机组轧制节奏可达24s/支；三是既保留了限动芯棒工艺壁厚精度高、不用脱棒机的优点，又具有半浮动芯棒工艺生产节奏快的长处。

（7）衡阳华菱钢管有限公司 ϕ340mm 连轧管机组（原审批机组为 ϕ273mm 连轧管机组）。2005 年建成投产的 ϕ340mm 连轧管机组设计规模为年产热轧无缝钢管 50 万吨。机组采用带导盘锥形辊穿孔 +5 机架限动芯棒连轧 +12 机架微张力定（减）径生产工艺。主要设备从德国 SMS Meer 公司引进，电机及电气控制由 ABB 公司提供。ϕ340mm连轧管机组配备了世界上最先进的穿孔机工艺辅助设计系统（CATER-CPM）、连轧工艺监控系统（PSS）、连轧自动辊缝控制系统（HCCS）、微张力定（减）径机工艺辅助设计系统（CATER-SM）、物料跟踪系统（MTS）、在线检测质量保证系统（QAS）和工艺控制技术。

（8）攀钢集团成都钢铁有限责任公司 ϕ340mm 连轧管机组。该机组以石油套管、高压锅炉管、管线管、船舶用管、化肥设备用管等高质量无缝钢管为主，于 2005 年 9 月投产。机组采用了具有当今世界先进技术水平的锥形辊穿孔机 +5 机架限动芯棒连轧管机 +3 机架脱管机 +12 机架微张力定（减）径机的变形工艺。这种变形工艺具有工艺流程短、设备运行可靠、生产效率高等优点。从德国引进的 5 机架二辊连轧管机，轧制荒管的 D/S 可达到 42 以上，延伸系数达到 3.5 以上，钢管壁厚精度可达到 ±5%。连轧管机配备了目前最先进的 HGC（液压辊缝控制）系统，辊缝控制精度可达到 2μm。此外，连轧管机还配备了 PSS 系统。PSS 系统是一套用于对连轧管区域进行过程监控和管理的计算机系统，结合在线 QAS 系统，对轧制过程进行分析、诊断以及控制，以提高钢管壁厚精度，满足了我国国民经济对高质量中、大直径无缝钢管的需求，特别是对 ϕ250mm 以上中、大直径无缝钢管的需求。

4.1.2.5 无缝钢管的发展趋势

随着市场对管材各项技术指标要求的不断提高，现有生产工艺水平已不能满足要求，而其他科学技术领域的发展，势必促使生产工艺进行质的改革，因此新的生产工艺线不断出现。生产工艺线的相互竞争也是促使生产工艺不断发展的动力。同时相关的技术标准也应该与市场的需求同步，不断推出满足市场需求的新的技术标准。新的标准涉及的内容会越来越多，指标会越来越严，对管材的综合性能的要求会越来越全。

由于使用的原料、加工方法不同，无缝钢管和焊管在性能、尺寸精度等许多方面存在差异。单就使用方面而言，无缝钢管的主要优点是力学性能、抗挤毁性能、抗腐蚀性能比较均匀，缺点是壁厚精度低；焊管的优点是壁厚精度高，缺点是焊缝处的力学性能、抗腐蚀性能等比其他部位有所降低。从生产角度分析，无缝钢管的单重低，成材率低，设备投资大；焊管的生产效率高，设备相对简单。目前在许多领域焊管的应用越来越广，无缝钢管正在向高温、高压、抗拉、抗压、高抗腐蚀、高耐磨等方面发展。

4.2　热轧管材生产工艺

热轧无缝钢管因机组不同，产品技术要求不同，其工艺流程也不同。但一般都包括轧前准备、加热、轧制、精整、机械加工和检查包装等几个环节。

4.2.1　管坯及加热

轧制无缝钢管的坯料有钢锭、轧坯、连铸圆管坯、锻坯，目前有的国家也采用了离心浇注的空心坯。按管坯的横截面形状，管坯有圆形、方形、八角形和方波浪形等。大量应用的是圆形连铸坯和轧坯。近年来随着连铸工艺水平的提高，小直径的连铸坯也可以生产，这使得轧坯的比例越来越低。铸锭仅用于大、中型周期轧管机组。斜轧穿孔采用圆坯，推轧穿孔和压力穿孔常采用方坯。连铸圆坯是目前国际上无缝钢管生产中应用较多的坯料，也是衡量一个国家钢管生产技术水平的标志之一。连铸圆坯具有成材率高、成本低、能耗少、组织性能稳定等特点，是管坯发展的主流。发达的工业国家连铸坯比已近100%，连铸圆管坯的最大直径已达 $\phi450mm$，中低合金钢种也已完全可以采用连铸圆坯生产，低塑性高合金钢种目前尚需使用锻、轧圆坯，但有些厂家已经掌握了轴承钢、奥氏体不锈钢圆管坯的连铸技术。

连铸后冷却的管坯还需要进行表面检查清理和低倍检验，这对斜轧穿孔机组尤为重要，因为管坯上的缺陷在斜轧过程中扩大。对于相当一部分高合金钢和不锈钢，管坯还需剥皮，剥皮后的表面粗糙度不高于 $12.5\mu m$。

管坯在装炉前还需要按计划进行定尺切断。管坯切断的方法如图 4-1 所示：有用锯锯断、在剪切机上剪断、火焰切割机上切断和在压断机上折断四种，这四种切断方法各有其优缺点。

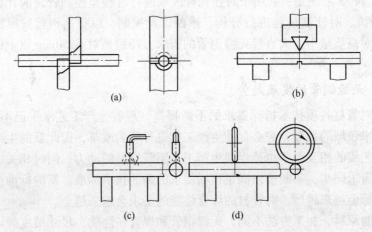

图 4-1　管坯切断的方法
（a）剪断；（b）折断；（c）火焰切断；（d）锯断

（1）剪断法。剪断机的生产率高，剪断时无金属消耗。但由于断口处压扁现象而且切斜，同时剪断机在剪切高合金钢时也容易切裂，所以剪断机一般只适用于剪切次数多、产品为低合金钢和碳钢的小型机组上。

（2）锯切法。锯切机锯切的管坯其端面平直，便于定心，在穿孔时易于咬入，空心坯壁厚相对来说也较均匀。同时各种钢号的管坯均可用于冷锯机锯断。但其缺点是锯片或锯条损耗大，生产成本高。尽管如此，由于其锯切质量好，目前新建机组中大都采用锯切方法。常用的锯切机有两种形式：一种是镶嵌碳化钨硬质合金锯齿的圆盘锯；另一种是锯片呈条状的带锯。前者生产效率较高，设备造价高；后者生产效率低，设备造价也低。

（3）折断法。折断机生产效率较高，但折断后的管坯断面极不平整，易造成穿孔时产生前端壁厚不均，甚至整管壁厚不均，目前这种方法已基本淘汰。

（4）火焰切割法。火焰切割的管坯断面平整，切缝为 6~7mm，并且一次投资费用较为低廉。同时，火焰切割机生产灵活，既可切割圆坯，也可切割方坯，对于大多数钢号的管坯都能切割。其缺点是采用一般的火焰切割方法，对碳含量超过 0.45% 的碳钢和一些合金钢不适用。同时有金属消耗、氧气和乙炔气体消耗及车间污染等问题。

管坯切断长度一般可按下式计算：

$$G_p = \left[\frac{n_c G_c + \Delta G_c}{(1 - c_1)(1 - c_2)} + \Delta G_t \right] \frac{1}{1 - c_3} \qquad (4-1)$$

$$L_p = G_p / g_p \qquad (4-2)$$

$$G_c = g_c \cdot L_c \qquad (4-3)$$

式中 G_p——管坯投料根重，kg；

G_c——一根成品管的质量（成品管根重），kg；

n_c——每根热轧管的倍尺数（一根热轧管切成 n_c 根成品管）；

ΔG_c——精整时的钢管切头尾质量（含分段锯锯口损失），kg；

ΔG_t——工艺切损（在轧线中因操作需要的切损，如连轧管后切除破头、顶管后切除杯底、挤压和皮尔格轧机轧管后切除余头等的质量损失），kg；

c_1——穿孔前管坯的加热烧损率，%；

c_2——穿孔后轧管前毛管再加热时烧损率，%；

c_3——荒管定减径前再加热时烧损率，%；

g_p——管坯实心米重，kg/m；

L_p——管坯长度，m；

L_c——成品管长度，m；

g_c——成品管的米重，kg/m。

计算成品管根重 G_c 时，应考虑技术标准规定的成品管冷尺寸和重量的正偏差，还要考虑热处理和机械加工的金属损耗。烧损率与钢种、炉型和加热操作有关。通常，环形炉加热管坯时，$c_1 = 0.01 \sim 0.02$；而步进式炉加热管坯时，$c_1 = 0.01 \sim 0.015$；步进式再加热炉，$c_2 = c_3 = 0.005 \sim 0.01$。

管坯长度不应超过机组设备允许范围，如穿孔机前、后台长度等。穿制高合金钢管时，管坯长度还须考虑到穿孔顶头的寿命。

用于管坯加热的炉型有环形炉、步进炉、分段快速加热炉以及感应炉等，应用较广的为环形炉，步进炉在连轧管机上的使用为连铸管坯热装热送创造了条件。管坯加热制度视不同穿孔方法而异。压力穿孔与一般型钢轧制相同，斜轧穿孔由于变形剧烈，穿孔过程一般都伴有温升,这一点对温度敏感性强的合金钢种尤需注意。

考虑斜轧穿孔时的管坯加热温度时,要保证毛管穿出温度在该钢种塑性最好的温度范围内。碳素钢的最高加热温度一般是低于固相线 100~200℃。对于合金钢和高合金钢来说,依靠相图确定是困难的,可以采用热扭转法或用测定临界压下率的方法来确定各种合金钢的塑性最佳温度范围。热扭转法是将圆试料加热至不同的温度后放在热扭转机上扭转,并记录其扭断时的扭转圈数和扭转力矩,扭断时的扭转圈数多、扭转力矩比较小的温度区间即是该钢种的塑性最佳的温度范围。管坯在从加热炉运往穿孔机的过程中有温降,在穿孔时会因变形热的作用而导致毛管温升。据此,管坯出炉温度应等于毛管穿出温度减去穿孔时的温升,再加上从加热炉运往穿孔机过程中的温降。通常,车间设计合理的机组,管坯从加热炉运往穿孔机过程中的温降约为 20~30℃;碳素钢穿孔时的温升约为 20~30℃;而高合金钢穿孔时的温升高达 50~100℃。管坯从加热炉运往穿孔机过程中的温降是一个条件函数,它与管坯规格、运送距离、运送速度和气候条件等有关。穿孔时的温升也是一个条件函数,它与钢种、穿孔延伸系数、穿孔速度以及顶头状况等有关。

管坯的加热时间可用下式估算:

$$\tau = KD_p \tag{4-4}$$

式中　　τ——管坯加热时间,min;

　　　　D_p——管坯直径或边长,cm;

　　　　K——管坯的单位加热时间,min/cm。

K 值的大小反映出加热速度的大小和对管坯内外温度均匀性的要求。加热速度慢则 K 值大,对管坯内外温度均匀度要求高,则 K 值也大。K 值也是一个条件函数,它与钢种、管坯规格、炉型、燃料种类和炉子操作制度有关。

为保证钢管壁厚均匀,穿孔时必须对正管坯轴心。因此,压力挤孔前,锭或方坯需定形;斜轧穿孔前,圆坯需定心。定心的目的是有利于穿孔前顶头鼻部对准管坯轴线,防止穿孔时穿偏,减少毛管的前端壁厚不均,同时改善斜轧穿孔的二次咬入条件,使穿孔过程顺利进行。定心的方法有冷定心和热定心。

热定心是在管坯加热后,用压缩空气或液压在热状态下冲孔,设备设置在穿孔机前台处。这种方法效率高,没有金属消耗,设备简单,应用比较广泛,同时由于冲头形状与顶头鼻部形状相适应,能获得良好的定心孔尺寸。但是近十多年来,随着工艺技术、装备水平的提高,配备热定心的机组越来越少。国外有的厂家认为,穿孔的旋转咬入对管坯有一定的自对中作用,如果斜轧穿孔机前、后台对中较好,管坯两端直径偏斜不大于 1.5mm,只要适当增加辊身长度即可保证穿孔毛管的壁厚均匀性,不必定心。这一说法已被国内很多厂家认可,尤其在中小机组上,基本没有配置热定心机。近年来国内新建机组大多也未采用热定心,其中包括多条大口径生产线,这其中的原因除上述的说法外,热定心机会增加设备的投资,而且热定心过程会降低管坯温度,增加一定能耗也是其中之一。但是对于中、大口径的厚壁管应需定心。

冷定心是指在管坯加热前,在专门机床上钻孔。它的特点是定心孔尺寸精度高,但要损失一部分金属,而且效率低。因此,冷定心过去仅在生产高合金钢和重要用途钢管时采用。但是,随着市场对产品质量要求提高,随着冷定心设备效率的提高,冷定心的比例正在逐步扩大,冷定心不仅是为了防止毛管前端壁厚不均,而且为了减少毛管尾部的耳子,对管坯尾部也采用冷定心。

4.2.2 管坯的穿孔

穿孔是无缝钢管生产的重要工序之一，对无缝钢管的管坯成本、品种规格及成品质量有很大影响。根据穿孔机的结构和穿孔过程变形特点的不同，穿孔机可分为两大类，一类是压力穿孔机和推轧穿孔机（PPM穿孔机）；另一类为斜轧穿孔机。斜轧穿孔机根据轧辊形状及导卫装置的不同而演变成了多种类型，如曼内斯曼穿孔机、狄塞尔穿孔机、锥形辊穿孔机（菌式穿孔机）、三辊穿孔机等，目前应用最广的是斜轧穿孔机。

4.2.2.1 曼内斯曼穿孔机

曼内斯曼穿孔机的工作运动情况如图4-2所示。这种穿孔机的轧辊左右布置，辊型呈桶形，导板上下布置固定不动，轧辊轴线和轧制线相交成一个倾角。这种穿孔方法的优点是对心性好，毛管壁厚较均匀；一次延伸系数在1.25~4.5，可以直接从实心管坯穿成较薄的毛管。主要缺点是这种加工方法变形复杂，旋转横锻效应大，容易在毛管内外表面产生和扩大缺陷，所以对管坯质量要求较高，一般皆采用锻、轧坯。由于对钢管表面质量要求的不断提高，合金钢比重的不断增长，尤其是连铸圆坯的推广使用，这种送进角小于13°的二辊斜轧机，已不能满足无缝钢管在生产率和质量上的要求，因此曼内斯曼穿孔机不断地改进，新的结构形式不断出现。

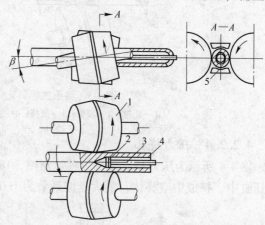

图4-2　曼内斯曼穿孔机的工作运动情况示意图
1—轧辊；2—顶头；3—顶杆；4—轧件；5—导板

4.2.2.2 狄塞尔穿孔机

狄塞尔穿孔机1972年始建于联邦德国，是主动旋转导盘、大送进角二辊斜轧穿孔机，是在曼式穿孔机基础上演变而来的。轧辊上下布置，导板被两个主动旋转导盘所替代，布置在左右两侧，导盘的切线速度在变形区压缩带比轧辊切线速度在轧制轴线上的分量大20%~25%。孔喉椭圆度可调，近似为1.0，这使最大延伸系数达到5.0，轴向金属滑动系数增加，毛管内外表面质量得到了改善，从而提高了生产率，降低了单位能耗。顶杆采用线外循环冷却，在机架出口，向一侧循环运送冷却，冷却后送回穿孔轧制线，由于是离线脱管送往下道工序，避免了顶杆小车的往复运动，缩短穿孔周期，提高了效率。这类穿孔机在20世纪70~90年代初得到了广泛应用。

4.2.2.3 锥形辊穿孔机

20世纪80年代又在上述结构特点的基础上，出现了主动旋转导盘、大送进角的锥形二辊斜轧穿孔机，其工作示意图如图4-3所示。轧辊为双支撑，辊型为锥形，轧辊轴线与轧制线既倾斜又交叉，倾斜形成送进角β，交叉形成辗轧角γ。这种穿孔机与狄塞尔穿孔机最大的不同是轧辊的形状由桶形改为了锥形，轧辊线速度的变化与穿孔时金属流动的速度变化相适应；不仅使穿孔轴向滑动系数达到了0.9，而且改善了斜轧穿孔的变形，降低变形过程中的切向剪切应力，抑制旋转横锻效应，改善了毛管内外表面质量，使得许多难穿的低塑性、高合金钢管坯都可以在这种轧机上顺利轧制。该类型穿孔机最大延伸系数可达6.0，在变形量的分配上，可承担较大变形，从而减少了轧管机的变形，穿孔扩径量达到30%～40%，这就可以减少管坯规格，简化管理。这种穿孔机采用导盘和固定导板都是可以的，目前在新建的轧管机广泛应用。

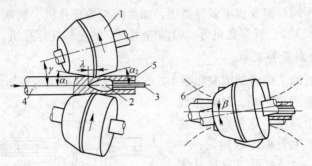

图4-3　锥形二辊斜轧穿孔机工作示意图

1—轧辊；2—顶头；3—顶杆；4—管坯；5—毛管；6—旋转导盘

4.2.2.4　压力挤孔

图4-4所示为压力挤孔操作过程示意图，1891年问世，它是将方形或多边形钢锭放在挤压缸中，挤成中空杯体，最大延伸系数为1.0～1.1，穿孔比为8～12。

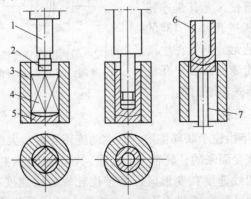

图4-4　压力挤孔操作过程示意图

1—挤压杆；2—挤压头；3—挤压模；4—方锭；5—模底；6—穿孔坯；7—推出杆

与二辊斜轧相比，这种加工方法的坯料中心处于不等轴全向压应力状态，外表面承受着较大的径向压力，因此，内、外表面在加工过程中不会产生缺陷，所以对来料没有苛刻要求，可用于钢锭、连铸方坯和低塑性材料的穿孔。此法加工主要是中心变形，特别有利于钢锭中心的粗大疏松组织致密化，虽然最大延伸系数只有1.1，但中心部分的变形效果相当于外部加工效果的5倍。主要缺点是生产率低，偏心率较大。

近年来穿孔技术发展主要是提高穿孔机毛管的壁厚精度，改善内外表面质量，扩大并适应难变形金属及连铸坯穿孔，提高穿孔效率。综上所述，几种穿孔方法比较见表4-3。

表 4-3　几种穿孔方法比较

项　目	二辊斜轧	压力挤孔	推轧穿孔	狄塞尔穿孔	锥形穿孔
坯料种类	轧坯	钢锭、连铸坯	轧坯、连铸坯	轧坯、连铸坯	轧坯、连铸坯
断面形状	圆	方、圆	方	圆	圆
是否需要延伸机	大规格尺寸需要	需要	需要	不需要	不需要
最大延伸系数 （包括延伸机）	3.5	2	3.5	5	6
最大生产率/m·min^{-1}	24	10	20	50	55
壁厚不均/%	±6	±10	±16	±6	±5

4.2.3　毛管的轧制

热轧无缝钢管的生产办法有很多，按其设备分类，主要有以下几种：

（1）自动轧管机组；

（2）连轧管机组；

（3）周期轧管机组；

（4）二辊狄塞尔轧管机组；

（5）三辊阿塞尔轧管机组；

（6）顶管（艾哈德）机组；

（7）挤压管机组。

4.2.3.1　连轧管机组

连轧管是指将长芯棒插入毛管中，送入并同时在沿轧制线顺次布置的多个机架中进行轧制。近年来，连轧管工艺发展相当迅速，出现了"三种工艺、五大分支"的局面。按其芯棒运行方式不同，可把连轧管机分为全浮动芯棒连轧管机（MM，即 mandrel mill）、半浮动芯棒连轧管机（Neuval）和限动芯棒连轧管机（MPM，即 muti-stand pipe mill）三种类型。限动芯棒连轧管机在常规限动芯棒连轧管机（MPM）基础上，又出现了少机架限动芯棒连轧管机（Mini-MPM）和三辊式限动芯棒连轧管机（PQF，即 premium quality finishing）。

图 4-5 所示为连轧管机轧制过程示意图，连轧管的最大延伸系数可达 7，机架数 4~9 架，后部均设有定径机或张力减径机。它的主要优点是：长芯棒轧制，钢管内表面质量好；便于机械化、自动化生产，效率高；不要求大延伸穿孔，可降低对管坯塑性的要求。

A　全浮动芯棒连轧管机

第一代钢管连轧机的芯棒随轧件自由运行，称为全浮动芯棒连续轧管机。

全浮动芯棒连轧管机的主要缺点是壁厚均匀性无论是横向还是纵向都稍差些，存在"竹节"现象；芯棒较长，生产时一般 12 根一组循环使用，产品规格越大，芯棒自重也越大，所以只能在小型机组中推广应用。可生产钢管的最大外径为 177.8mm。

全浮动芯棒连轧管机的优点是轧制节奏快，每分钟可轧制 4 根钢管，机组产量高，φ140mm 机组年产量可在 800kt 以上。

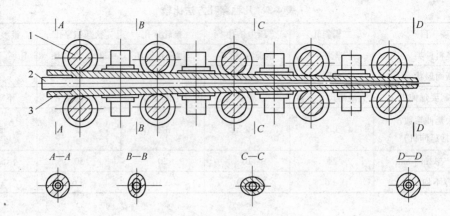

图 4-5　连轧管机轧制过程示意图
1—轧辊；2—浮动芯棒；3—毛管

B　限动芯棒连轧管机

为克服全浮动芯棒连轧管机的缺点及扩大产品规格范围，1978 年限动芯棒连续轧管机在意大利达尔明厂正式投产。限动芯棒就是轧制时芯棒以限定速度控制运行。穿孔毛管送至连轧管机前台后，将涂好润滑剂的芯棒快速插入毛管，再穿过连轧机组直至芯棒前端达到成品前机架中心线，然后推入毛管轧制，芯棒按限定恒速运行。毛管轧出成品机架后，直接进入与它相连的脱管机脱管，当毛管尾端一离开成品机架，芯棒即快速返回前台，更换芯棒准备下一周期轧制。生产时只需 6～7 根芯棒为一组循环使用。

与全浮动芯棒连轧管机相比，它具有以下优点：

（1）缩短了芯棒长度，减少了同时运转的芯棒根数，降低了工具的储备和消耗，使得中等直径的钢管能够在这种类型的轧机上生产；

（2）连轧管机与脱管定径机直接相连，无需专设脱棒工序；

（3）轧制时芯棒恒速运行，各机架轧制条件始终稳定，改善了毛管壁厚、外径的竹节性"鼓胀"；

（4）无需松棒、脱棒，可将毛管内径与芯棒间的间隙减小，使孔型开口处不易出耳子，可提前使用椭圆度小的高严密性孔型，控制金属的横向流动提高轧制产品的尺寸精度；可实现较大变形，使轧机最大延伸系数达到 6.0；可采用较厚的穿孔毛管，提高轧后毛管的温度和均匀性。

主要缺点是轧制节奏慢，芯棒回退延误时间，降低生产率，适合于中型以上机组使用。

C　半浮动芯棒连轧管机

1978 年在法国圣索夫钢管厂投产了一台半浮动芯棒的小型连续轧管机，管坯在卧式大送进角狄塞尔穿孔机上穿成毛管后与顶杆一起运出，送往 7 机架连续轧管机，17m 长的穿孔顶杆在此即作为轧管机的限动芯棒，轧制时芯棒以恒速运行，轧制结束时限动装置锁紧松开，让芯棒与毛管一起浮动轧出，线外脱棒。这样既可以节省芯棒回退时间，又利用了限动芯棒在轧制过程中的优点。

D　少机架限动芯棒连轧管机

少机架限动芯棒连续轧管机（Mini-MPM）基本上继承了 MPM 轧管机组的主要工艺优点，如轧薄壁管、尺寸精度高、收得率高等。适当加大斜轧穿孔的变形量，连轧机减到 4~5 架，降低建设投资，提高机组灵活性，能即时变换生产的品种规格，适应市场变化，年产量为 160~500kt（设计产量）。该机组在连轧机前设置一台毛管空减机，有利于毛管的咬入，使毛管内径与芯棒间的空隙减小，防止第一架孔型过充满，提高轧机的稳定性。连轧机采用液压压下，便于轧辊自动设定和调整，更好地实施 AGC 控制。投资与多机架 MPM 机组相比大大降低，轧辊等工具的配置也相应减少。

E　三辊限动芯棒连续轧管机

为进一步提高钢管尺寸精度，改善金属在轧制过程中的不均匀变形，20 世纪 80 年代中期，意大利人 Mr. Palma 提出了三辊轧制工艺的设想。2003 年德国米尔公司与天津钢管集团股份有限公司（简称天津钢管公司）合作，建成了世界上第一条三辊 PQF 连轧管机生产线（PQF，即 premium quality finishing）。根据变形量分配，三辊连轧管机可由 4~6 个机架组成，3 个轧辊均为主动传动。从变形方式看，与目前的二辊连轧机的最大差异是减小了金属的不均匀变形，使孔型中的纵向、横向附加变形减小，金属变形更加均匀，芯棒和轧辊间的平均压力减小，芯棒稳定性提高。

实践证明，其生产的钢管壁厚偏差显著改善，表面更光洁，可生产高强度、难变形钢管和外径与壁厚比大于 50 的薄壁管，可有效地实施 AGC 控制。对减径产品，在连轧机上可进行首尾部分预压下，抵消张力减径时的管端增厚，减少切损。

4.2.3.2　二辊斜轧轧管机组

A　狄塞尔轧管机

狄塞尔轧管机 1929 年首先问世于美国，主动旋转导盘的二辊斜轧轧管机，主要用于生产高精度中薄壁管，外径与壁厚比可达 30，壁厚公差可控制在 ±5% 左右。主要缺点是：允许延伸系数小于 2.0，生产率低，轧制钢管短，一直发展不大。20 世纪 70 年代以来，在采用大延伸的新型狄塞尔穿孔机取得成功以后，大变形量可以转移到穿孔机上，狄塞尔轧管机才重新得到重视。之后在新建机组上作了重大改进，增大导盘直径，改小辊面锥角，增大送进角到 8°~12°，采用芯棒预穿和限动芯棒，主轧机马力功率加大，使生产率有所提高，毛管轧制长度达到 14~16m。

B　Accu-Roll 轧管机

1980 年以后，美国 Aetna Standard 公司又进一步将狄塞尔轧管机改进开发了新型二辊斜轧 Accu-Roll 轧管机。轧辊改为锥形，增设辗轧角，改善了变形条件，使最大伸长率达到 3.0，外径壁厚比达到 35，产品的表面质量和尺寸精度均有提高，可生产的产品品种多，包括油井管、锅炉管、轴承管及机械结构管等，设备费用低，特别适合中小企业改造。图 4-6 所示为其操作过程示意图。

这种改进的二辊斜轧机产品精度高、表面质量

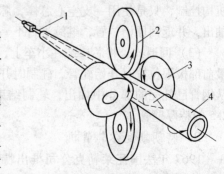

图 4-6　Accu-Roll 轧管机操作过程示意图

1—芯棒；2—导盘；3—菌式轧辊；4—毛管

好是它的突出优点（但薄壁管内表面还是具有明显的螺旋道），壁厚偏差可达 ±5% 以下，是一种精密轧管机。与其他机组相比，设备组成简单，建设费用较少，有些机组不设再加热炉，车间占地面积小。由于二辊斜轧速度低，产量规模比同规格的连轧管机组和新型顶管机组小。另外，新型狄塞尔轧管机轧制壁厚 4mm 以下的薄壁管还有一定困难。因为它不是全封闭孔型，轧制薄壁管时金属横向流动大，易挤入孔型间隙，造成轧卡出现破头现象，或使表面质量变坏。此外，轧制钢管较短（14~16m），金属消耗较高。但由于这种轧管机投资较少，目前受到很多中小企业的欢迎。

4.2.3.3　三辊斜轧轧管机组

A　阿塞尔轧管机

在 PQF 轧机出现以前，三辊轧管机专指阿塞尔（ASSEL）轧机或其改进形式。阿塞尔轧机由美国蒂姆肯公司 W. J. Assel 工程师于 1932 年发明，当时主要用来生产管壁较厚的轴承管。如图 4-7 所示，阿塞尔轧管机的特点是无导板长芯棒轧制；轧辊带有辊肩使减壁集中；便于调整和调换规格，适于生产表面质量高、尺寸精度高的厚壁管，壁厚公差可控制在 ±3%~±5%；缺点是生产效率低，生产薄壁管比较困难。该轧机一般适用于生产径壁比 $D/S<20$ 的钢管，下限受脱棒的限制，上限受到轧制时尾部出现的三角喇叭口易轧卡的限制。适于高精度、小批量、多品种的高附加值产品的生产。

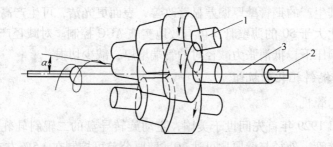

图 4-7　阿塞尔轧管机工作示意图
1—轧辊；2—浮动芯棒；3—毛管

三辊轧管机，按芯棒的运行方式也可分为以下 3 种形式：

（1）浮动式。与连轧管机的浮动芯棒形式相同。

（2）限动式。与连轧管机的限动芯棒形式相近，芯棒前进的速度比荒管的小，由专门机构控制，只是使用一支空心芯棒，芯棒在线内水冷，轧制结束后，将芯棒从荒管中回退抽出，并返回原始位置，继续进行下一根管子的轧制操作。

（3）回退式。将芯棒装在小车上，芯棒的运行受到小车的限制，芯棒穿过毛管并达到最前部极限位置时开始轧管，轧制时开动芯棒小车，使芯棒按给定速度后退，芯棒逐渐地从钢管已轧完的部分中抽出，轧制结束时抽出工作已全部完毕。这种方式可生产 $D/S = 2.5$ 的特厚壁管。

B　特朗斯瓦尔轧管机

1967 年法国瓦莱勒克公司推出特朗斯瓦尔轧管机，其特点是轧机入口侧牌坊采用可绕轧线旋转的回转牌坊，出口侧为固定式牌坊，轧辊轴承采用球面调心轴承，轧制过程中能靠转动入口侧回转牌坊来迅速改变送进角，在改变送进角的同时孔喉直径也随之变化，即回转牌坊转角加大（相对原始位置），送进角变大，孔喉直径减小。在轧制薄壁管子的尾部时，靠转动入口侧回转牌坊来减小此时的送进角和放大此时的孔喉来防止"尾三角"的产生，使薄壁管轧制在较大的送进角下正常进行。轧后再将回转牌坊复位至原位置。轧出的荒管，保留有一小段长约 50 ~ 100mm、外径和壁厚均大于管体的尾部，需要将其切除再送往后部工序。采用此技术可使生产管材的径壁比扩大到 35，甚至更大。

C 快速打开法阿塞尔轧管机

20 世纪 80 年代初期，曼内斯曼米尔公司采用快速打开法消除尾三角，即轧制管子尾部时，快速打开轧辊放大孔喉，来实现上述目的。轧后将轧辊位置和孔喉尺寸恢复原状，轧出的荒管也保留有一小段外径和壁厚均大于管体的尾部，也需要将其切除再送往后部工序。在钢管尾部留下一段几乎不经轧制的管端，在后部工序中予以切除。此法尤适于旧轧机改造，但增加了切损。

D 带 NEL（无尾切损装置）阿塞尔轧管机

阿塞尔轧管机采用上述改进措施后，虽然一定程度上解决了薄壁管的尾三角问题，但是轧机结构复杂了，机架稳定性降低了，金属消耗增大了。于是，近年来德国又推出了预轧法来消除尾三角，它是在轧机入口侧牌坊上，或机架入口前增设一预轧机构（NEL，即 no end loss），作为阿塞尔轧机的一个附加装置，它由 3 个液压驱动的小辊组成，以轧制中心线为中心做径向移动。当轧制薄壁钢管接近尾端 100mm 左右时，由预轧装置先给予减径、减壁，而主轧机只给少量压下量，防止了尾三角的出现。使用 NEL 装置后，D/S 可 30。该措施的优点是：保持了机架原来的刚性，轧制过程中孔喉直径不变，变形条件稳定，保证了钢管的尺寸精度，减少了尾端切损，提高了金属收得率。

4.2.3.4 周期轧管机组

这种轧机也称皮尔格轧机，1891 年由曼内斯曼兄弟发明，1990 年芯棒移动才达到完全机械化，成为目前状态。其操作过程如图 4-8 所示。

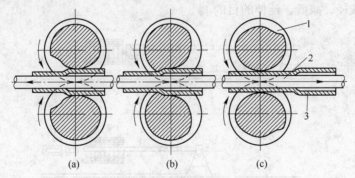

图 4-8 皮尔格轧管机的操作过程

（a）送进坯料阶段，箭头为送进方向；（b）咬入阶段；（c）轧制阶段，箭头为轧件运动方向

1—轧辊；2—芯棒；3—毛管

此轧机操作的基本特点是锻轧，轧辊旋转方向与轧件送进方向相反，轧辊孔型沿圆周为变断面，轧制时轧件与送进方向相反运行。当轧辊轧制一周时，毛管被再次送进，同时被翻转 90°。送料由做往复运动的芯棒送进机构完成。这种轧制的延伸系数为 7 ~ 15，可

用钢锭直接生产。目前主要用于生产大直径厚壁管、异形管，利用锻轧的特点还可生产合金钢管。这种机型生产的规格范围外径为 114～660mm，壁厚 2.5～100mm，轧后长度可达 40m。该轧机的主要缺点是：效率低，辅助操作时间占整个周期的 25%；孔型不易加工；芯棒长，生产规格不宜过多。为减少周期，轧机皆采用线外插芯棒锻头，再送往主机轧制，以减少辅助操作时间。为减少周期轧管机组加工的规格数，有的配以张力减径机来满足机组生产规格范围的要求。

周期式轧管机是一台带有送料机构的二辊式不可逆轧机。在周期式轧管机的上下轧辊上对称地刻有变断面的轧槽。整个轧槽的孔型纵截面由两个主要区域组成：空轧区（非工作带）和辗轧区。空轧区属于非工作带，相当于轧辊的"开口"。这一段轧槽保证未经过轧管机轧制的毛管不与轧辊接触，使毛管顺利通过由两个轧辊所构成的孔型，以便于毛管翻转送进或后退。辗轧区是一段轧管工作带，由工作锥、压光（定径）段和出口区等所组成。毛管主要在辗轧区中进行变形。工作锥担负着周期式轧管机的主要变形任务，在这段变形区中依靠变直径、变断面的轧槽将带有长芯棒的毛管进行辗轧，随着孔型（轧槽）半径的减小，管壁受的压缩增大，从而达到减径、减壁的工艺目的。工作锥约占整个轧槽的 $\frac{1}{6}\sim\frac{1}{4}$。压光（定径）段的主要作用是把工作锥压缩过的毛管进一步研磨压光，使钢管达到接近于成品的尺寸要求。这一段轧槽底部直径是不变的，约占整个轧槽的 $\frac{1}{4}\sim\frac{1}{3}$。出口区的作用是使轧辊的表面逐渐而平稳地脱开钢管。

周期式轧管机组只有在生产大规格和特殊钢管时具有优势，主要用来生产外径为 340～660mm，壁厚为 18～60mm 的电站、机加工用大直径厚壁管，如 ϕ426mm 以上大口径、厚壁的高压锅炉管。

4.2.3.5　顶管机组

图 4-9 所示为顶管机操作过程示意图。在压力挤孔的空心杯体内插入芯棒，通过一系列环模，达到减径、减壁、延伸的目的。

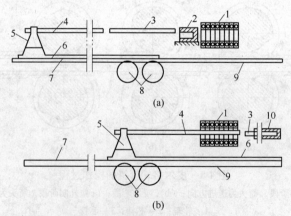

图 4-9　顶管机操作过程示意图

（a）原始位置；（b）加工终了位置

1—环模；2—杯形坯；3—芯棒；4—推杆；5—推杆支撑器；6—齿条；7—后导轨；

8—齿条传动齿轮；9—前导轨；10—毛管

现代顶管机均为三辊或四辊构成的辊模，减面率比旧式环模增长了1倍以上；在压力挤孔后增设斜轧延伸机，加长管体、纠正空心杯的壁厚不均；并且可适当加大坯重，提高生产率。这种轧机的主要优点是单位重量产品的设备轻、占地少、能耗低；可用方形坯；操作较简单易掌握。适于生产碳钢、低合金钢薄壁管。主要缺点是坯重轻，一般在500kg左右，生产的管径、管长都受到一定限制；杯底切头大，金属消耗系数高。

20世纪70年代末，为提高坯料重量，出现了以斜轧穿孔代替压力挤孔的顶管生产方法，即CPE法。此法是将斜轧穿透的毛管，用专设的装置将其端头挤压或锻打收口，成为缩口的顶管坯。CPE顶管工艺的优点是：

（1）提高了钢管壁厚精度。采用斜轧穿孔工艺代替压力挤孔，毛管壁厚偏差大大减少，钢管壁厚精度明显提高。

（2）提高了产量。采用斜轧穿孔，其管坯重量和长度都可加大，相应提高了轧机产量。

（3）降低金属消耗。因斜轧穿孔的毛管不带杯底，从而减少了切头损失。顶管后的荒管长度扩大到22m，张减后钢管增厚端切损量也减少，成材率相应提高2%～3%。

（4）生产技术较简单，易于掌握，设备易于维护。

（5）建设费用少，与同规格的限动连轧管机组相比，产量是限动连轧管机组的2/3，但建设费用是限动连轧管机组的1/2。

顶管机组的设备比较简单，初次投资少，钢管内表面质量高，适用于规模较小的企业。其缺点是生产效率较低，金属消耗率较高。

4.2.3.6　自动轧管机组

自动轧管机是1903年由瑞士人R. C. 斯蒂菲尔发明的，它能生产的外径范围较宽，为$\phi32～426mm$。由于轧后的管子靠回送辊自动送回，所以称为自动轧管机，操作过程如图4-10所示。毛管在轧机上一般轧制两道，变形集中在第一道，第二道用于消除上道孔型开口处管的偏厚量，所以第二道轧制前毛管需翻90°。两次总延伸系数不大于2.3。

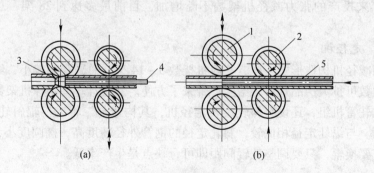

图4-10　自动轧管机操作示意图
（a）轧制情况；（b）回送情况
1—轧辊；2—回送辊；3—芯头；4—顶杆；5—轧制毛管

自动轧管机的主要优点是：机组全部采用短芯头，生产中换规格时安装调整方便，易掌握，生产的品种规格范围广。缺点是：轧管机伸长率低，只能配以允许延伸较大的穿孔机；对于 300mm 以上的自动轧管机，多配以采用两次穿孔；轧管孔型开口处毛管沿纵向的壁较厚，其后必须配以斜轧均整机；轧制管体长度受到顶杆的限制；突出的问题是短芯头轧制管体内表面质量差，壁厚精度差，辅助操作的间隙时间长，占整个周期的 60% 以上。自动轧管机组曾是生产无缝钢管的重要机组，直到 20 世纪 70 年代末，仍是全世界热轧无缝钢管生产的主导机组；但随着连轧管机组的发展以及三辊轧管机、Accu-Roll 轧管机的发展，这类轧机现已停止了建设，老的轧机一部分正在进行现代化的改造，另一部分正在被其他机型所替换。

4.2.4　钢管的定径、减径

4.2.4.1　减径机

减径机就是二辊或三辊式纵轧连轧机，只是连轧的是空心管体。二辊式前后相邻机架轧辊轴线互垂 90°，三辊式轧辊轴线互错 60°。这样空心毛管在轧制过程中所有方向都受到径向压缩，直至达到成品要求的外径热尺寸和横断面形状。为了大幅度减径，减径机架数一般都在 15 架以上。减径不仅扩大机组生产的品种规格，增加轧制长度，而且减少前部工序要求的毛管规格数量、相应的管坯规格和工具备品等，简化生产管理。另外，还会减少前部工序更换生产规格次数，节省轧机调整时间，提高机组的生产能力。正是因为这一点，新设计的定径机架数很多也由原来的 3 ~ 7 架变为 7 ~ 14 架，这在一定程度上也起到了减径作用。减径机有两种形式，一是微张力减径机，减径过程中壁厚增加，横截面上的壁厚均匀性恶化，所以总减径率限制在 40% ~ 50%；二是张力减径机，减径时机架间存在张力，使得缩径的同时减壁，进一步扩大生产产品的规格范围，横截面壁厚均匀性也比同样减径率下的微张力减径好。因此，张力减径机近年来发展迅速，基本趋势是：

（1）由于生产的钢管外径精度高，三辊式张力减径机采用广泛；

（2）减径率有所提高，入口毛管管径日益增大，最大直径现在已达 300mm；

（3）出口速度日益提高，现已到 16 ~ 18m/s；

（4）近年来投产的张力减径机架数不断增加，目前最多达到 28 架，总减径率高达 75% ~ 80%。

4.2.4.2　定径机

定径机和减径机构造形式一样，一般机架数 5 ~ 14 架，总减径率较小，约 3% ~ 35%，增加定径机架数可扩大产品规格，给生产带来了方便。新设计车间定径机架数皆偏多。

三辊斜轧轧管机组，还设有斜轧旋转定径机，其构造与二辊或三辊斜轧穿孔机相似，只是辊型不同。与纵轧定径相比较，斜轧定径的钢管外径精度高，椭圆度小，更换规格品种方便，不需要换辊，只要调整轧辊间距即可，缺点是生产率低。

4.2.5　钢管的精整

钢管品种不同，精整工序也不同。一般包括矫直、切断、热处理、无损检验、水压试验、管端加工、人工检查、打印、称重（涂漆、烘干）、包装等工序。

定减径后的钢管一般温度在 700 ~ 900℃，需冷却到 100℃ 以下进行精整。钢管的冷却方式随其材质及产品性能要求采取不同的方式。对于大多数钢种，采取自然冷却即可达到要求；对某些特殊用途的钢管，为保证得到要求的组织结构和性能，则采取一定的冷却方式和冷却制度。例如，奥氏体不锈钢管，需要在一定温度下终轧，然后用急冷以进行固溶处理，再送入冷床进行自然冷却；GCr15 轴承钢管为使其具有片状珠光体组织和防止网状碳化物析出，以利于以后的球化退火工序的进行，应控制在 850℃ 以上终轧，然后以 50 ~ 70 ℃/min的速度进行快冷，所以需在冷床上采用吹风或喷雾进行强迫冷却。

钢管的矫直在矫直机上进行。矫直机有机械压力矫直机、斜辊矫直机和张力矫直机等几种形式。压力矫直机结构简单，但需人工辅助操作，矫直质量不高，所以一般作粗矫和异形管矫直。用来矫直个别弯曲度过大而无法送入斜辊矫直机的钢管，目前广泛采用的是斜辊式矫直机，其矫直辊排列形式如图 4-11 所示。图 4-11（a）、图 4-11（c）、图 4-11（e）所示为矫直辊交错布置的矫直机，矫后加工硬化程度小，中间压下辊可给予较大压下，提高矫直效果，适于小直径、高强度和高弹性管材的矫直；图 4-11（b）、图 4-11（d）所示为矫直辊相对布置的矫直机，主要用于大、中口径管材和高强度套管的矫直，因而矫直时不压扁管材的横断面。

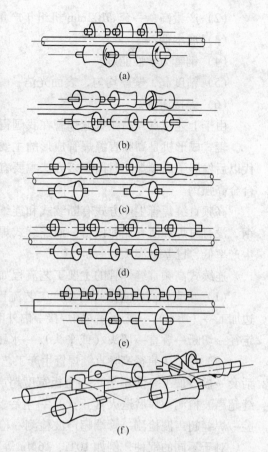

图 4-11　斜辊式矫直机的矫直辊排列形式
（a）2-1-2 型矫直机；（b）2-2-2 型矫直机；
（c）2-1-2-1 型矫直机；（d）2-2-2-1 型矫直机；
（e）1-2-1-2-1 型矫直机；（f）3-1-3 型矫直机

4.3　焊管生产工艺

钢管按成形工艺分为螺旋焊管、直缝焊接钢管，按焊接工艺可分为高频电阻焊管和埋弧焊管。螺旋焊接管均采用埋弧焊接工艺，直缝焊接管有直缝埋弧焊管（简称 UOE）和高频直缝电阻焊管（简称 ERW）。

4.3.1　高频直缝电阻焊管

高频直缝电阻焊管（ERW 管）焊接过程与埋弧焊相比，不添加任何焊接材料，焊缝成形没有经过热熔化状态，只是焊缝金属经过再结晶过程，所以形成的焊缝与母材的化学成分完全一致，钢管焊接后经过退火处理，制造成形。冷加工内应力、焊接内应力均得到改善，因此 ERW 钢管综合力学性能较好。

高频直缝电阻焊管机组的特点是：

（1）投资少，设备简单；

（2）产量高，一套 ϕ102mm 机组年产量可达 70kt；

（3）成本低；

（4）钢管力学性能好；

（5）精度高，壁厚均匀，表面光洁；

（6）焊接质量好。

由于上述优点，高频直缝焊管在我国得到了飞速发展。

辊式成形机是高频直缝焊管成形的主要方式。点焊钢管最初用低频焊，20 世纪 60 年代以后发展了高频焊。目前焊接方法主要有接触焊和感应焊两种。钢种主要是低碳钢、低合金高强钢。

高频直缝焊管生产方式有断续式和连续式两种，断续式生产使用单条短带钢或小卷带钢，没有对焊和活套储料设备。而连续式焊管生产使用大卷带钢，有对焊和活套。断续式生产率低，已基本淘汰。

连续式高频直缝焊管的主要工艺流程如下。

（1）小直径高频直缝焊管生产工艺流程为：原料→备卷→拆卷→切头切尾→对焊→板边加工→（矫平）→成形→高频焊接→内外毛刺清除→焊后退火（正火）→空冷（水冷）→定径→切断→矫直→切头（或平头）→水压试验→检查→捆扎、称重→入库。

（2）中、大直径高频直缝焊管生产工艺流程为：原料→备卷→拆卷→切头切尾→对焊→活套→板边加工→（矫平）→全板宽度超声波探伤→成形→高频焊接→内外毛刺清除→焊缝超声波检测→焊后退火（正火）→空冷（水冷）→定径→切断→矫直→平头→水压试验→焊缝超声波检测→管端超声波检测→检查→称重、测长→喷标→入库。

对于不同的钢种，例如 10Ti、16Mn 等则根据其不同的工艺特性，在成形、焊接、冷却等工序采用不同的工艺规范，以保证焊接质量。

20 世纪 80 年以来，在技术引进、消化的基础上，国内焊管生产技术发展很快。例如发展了卷式水平活套装置，机组采用双半径组合孔型，焊接速度高达 130～150m/min；发展了内毛刺清除工艺，在作业线上和线外实现多种无损探伤检验，在作业线上有焊缝热处理设备，生产钢管品种范围宽广，有薄壁管、厚壁管、异形管、锅炉管、石油管、不锈钢管等；发展了先进的连续镀锌和内外表面涂层等工艺。在机组的布置和设计等方面也有很多创新。

20 世纪 90 年代以前，我国高频焊管成形方式主要是辊式成形，一般都是采用连续弯曲法对带钢边缘部分进行实弯，用立辊进行辅助的自由弯曲，然后进入闭口孔型进行整体弯曲。这种方式的优点是实弯段较充分，机组传动力分布较为均匀。但是由于其孔型基本没有兼容性，一种规格钢管需要用一套模辊来成形，在同一台机组上要生产多种管径的钢管，需要大量的成形模辊，且换辊也需要较长时间。

随着焊管成形技术的发展，先进的成形方式，如排辊成形和 FF 成形，被人们逐渐认识和了解。其中奥钢联开发的排辊成形技术在我国得到迅猛的推广和发展。排辊成形技术最明显的特点是设置了特别的排辊群机架，这种排辊群机架可以很方便地根据管径来调节辊位。由于排辊成形采用三点弯曲原理，对于厚径比较大、钢级较高的管坯成形比较困难，所以排辊成形比较适宜于薄壁管成形。

4.3.2　螺旋埋弧焊管

1960 年以前，石油、天然气输送干线用管主要采用直缝焊管。直缝焊管的缺点是：

（1）直径大于 1500mm 的钢管必须用若干钢板拼焊，焊缝增多；

（2）直缝焊管容易弯曲；

（3）生产不同直径的钢管，需要不同尺寸的钢板和成形工具。

1960 年以后，由于自动埋弧焊接技术及无损检验技术的发展，以及带材连轧机能够提供大量的宽、厚、高强度的优质热轧带卷，大大促进了螺旋焊管的发展。螺旋焊管的强度一般比直缝焊管高，能用较窄的坯料生产管径较大的焊管，还可以用同样宽度的坯料生产管径不同的焊管。但是与相同长度的直缝管相比，焊缝长度增加 30% ~ 100%，而且生产速度较低。因此，较小口径的焊管大都采用直缝焊，大口径焊管则大多采用螺旋焊。

螺旋埋弧焊焊管的生产工艺为：拆卷→矫直→切头切尾→对焊→板边加工→超声波探伤→递送→成形→内外焊→焊缝无损探伤→切定尺→（X 射线检查）→肉眼检查→管端倒棱→水压试验→连续超声波探伤→成品检查→称重、测长→喷标、涂层→入库。

螺旋焊管的质量控制和成品检验很重要，除肉眼检查以外，在线上有超声波和 X 射线探伤检验，水压试验压力应达到 σ_s 的 95% ~ 100%，试验时间不短于 15s。并在车间里设检验室，作各种物理检验。

管线输送管的内壁涂层有很重要的作用。涂层不但可以提高钢管内壁光滑度，减少流体摩擦阻力，从而增大输送量 10%，减少 20% 的加压站，降低动力消耗 15% ~ 20%，而且能防止内壁腐蚀，减少结蜡，减少清管次数，降低维修费用。

近年来，在长输石油天然气管线建设的带动下，螺旋埋弧焊管机组装备技术水平得到大幅提升。石油系统的代表性机组都采用了大卷重开卷机、全板宽超声波探伤、双铣边机、全辊套成形器、低残余应力成形控制、内外多丝焊、焊缝自动跟踪、等离子切管、X 射线焊缝拍片、管端内外焊修磨机、机械式管端扩径机、成品管体和管端多次多通道超声波探伤等先进装置以及先进的内、外防腐技术。这些技术和装备的应用，确保了高钢级、大直径螺旋埋弧焊管产品的质量，使螺旋焊管在管线钢管应用中发挥了重要作用。

4.3.3　直缝埋弧焊管生产

直缝埋弧焊管一般以厚板作为原料，其成形方式主要有 UO 成形、JCO 成形和 RB 成形。UOE 焊管可生产直径 ϕ406.1 ~ 1422.4mm，甚至可生产 ϕ1625.6mm 的大直径直缝焊管。UOE 焊管先将原料刨边和预弯边，在 U 形压力机上压成 U 形，再由 O 形压力机压成 O 形，然后预焊，内外埋弧焊，最后扩径。

其生产工艺流程为：送进钢板→超声波探伤→板边加工→预弯边→U 成形→O 成形→合缝预焊→内焊→外焊→焊缝超声波检测→焊缝 X 射线检测→扩径→水压试验→平头倒棱→焊缝超声波检测→焊缝 X 射线检测→管端磁粉检测→防锈处理→入库。

UOE 焊管由于受到板材宽度的限制，不能制作直径很大的钢管，但是生产率高，适于大批量、少品种专用管生产，是高压管线输送管的主要生产方法。

直缝埋弧焊（UOE 钢管）因它采用焊后冷扩径工艺胀管，所以 UOE 钢管几何尺寸比较精确，采用 UOE 钢管对接时的对口质量好，从而确保了焊接质量，通过扩管工艺，一定程度上消除了部分内应力。另外，UOE 钢管焊接时采用多丝焊接（三丝、四丝），这样的焊接工艺焊接时产生的线能量小，对母材热影响区影响程度也小。多丝焊接后道焊丝对前道焊丝可起到消除焊接时产生应力的作用，从而对钢管的力学性能有所改善。直缝埋弧焊管与螺旋焊管相比其焊缝长度短，这样焊接产生缺陷及影响相对较小。

现代 UOE 机组能力大，产量高，但投资过高，且在生产小批量、多规格的钢管时灵活性差，调整时间长，成本高。因此，为了减少对成形机压力的要求，人们尝试将 UO 成形的步骤分解进行。现代数控技术和伺服控制技术的结合产生了数控折弯技术，采用数控折弯技术可将管坯的成形过程分解为更多的步骤进行，将一次模压成形变为多步弯曲成形，每步只对钢板的一小部分进行弯曲，从而大大减少了成形需要的压力。在此基础上诞生了渐进式 JCOE 制管技术。

JCO 成形方式的最大特点是其压力机与 UO 成形工艺相比，采用一台吨位较小的压力机替代了 U 成形机和 O 成形机，通过多步模弯的方式，完成管坯成形。生产方式灵活，既可大批量生产也可制造小批量产品；既可生产大口径、高强度、厚壁钢管，也可生产中口径（406mm）、厚壁钢管，年产量可达 100 ~ 250kt。这种成形方式对中等规模企业十分适合，近几年得到世界的广泛认可，成为现代直缝埋弧焊管机组的主流成形技术之一。

RB（roll bending）成形是辊弯成形，其原理是钢板在三辊或四辊之间经过多次横向滚压成形，形成所需要的曲率半径。成形的主要原理是三点弯曲，通过调整上、下辊的位置形成不同的弯曲曲率。

辊弯成形制管工艺是比较传统的制管工艺之一，在我国的应用范围较广，但主要用于压力容器、机械制造、石化工业等领域，制造小批量、特殊规格的钢管，结构件或筒形容器。

4.4   管材轧制生产线实例

4.4.1   连续热轧无缝钢管生产线实例

衡阳华菱钢管（集团）有限公司 φ273mm 连轧管机组是 2003 年国家发展和改革委员会批准投建的第三批国家重点技术改造“双高一优”项目，是湖南省“十五”期间十大标志性工程。2003 年 4 月动工兴建，2005 年 2 月 24 日该机组全线热负荷试车成功。φ273mm 连轧管机组设计规模为年产热轧无缝钢管 500kt，生产的钢管规格为 φ（133 ~ 340）mm × （5 ~ 40）mm，产品主要品种是管线管、输送流体用管、结构用管、石油套管管体、油井管接箍料、高压锅炉用管、低中压锅炉用管、液压支柱管、化肥生产设备用高压无缝钢管等。

φ273mm 连轧管机组采用带导盘锥形辊穿孔 + 5 机架限动芯棒连轧 + 12 机架微张力定（减）径生产工艺，主要设备从德国 SMS Meer 公司引进，电机及电气控制由 ABB 公司提供。φ273mm 连轧管机组配备了世界上最先进的穿孔机工艺辅助设计系统（CARTA-

CPM）、连轧工艺监控系统（PSS）、连轧自动辊缝控制系统（HCCS）、微张力定（减）径机工艺辅助设计系统（CARTASM）、物料跟踪系统（MTS）和在线检测质量保证系统（QAS）等工艺控制技术。

4.4.1.1　生产工艺流程

合格的 $\phi220mm$、$\phi280mm$、$\phi330mm$ 连铸长圆管坯运到原料仓库，由冷锯锯成 1.8 ~ 4.5m 的定尺长度，再逐根称重，合格管坯由环形加热炉加热到 1250 ~ 1280℃后，送往穿孔机穿轧成毛管。穿孔后的毛管被送到内表面氧化铁皮吹刷站，由一喷嘴向毛管内部喷吹氮气和硼砂。吹刷后的毛管送往连轧管机前台，穿入芯棒，芯棒限动系统将芯棒前端送至连轧管机间的某预设定位置时，毛管和芯棒一起进入连轧管机轧制。毛管在进入连轧管机前用高压水对毛管表面进行除鳞。从连轧管机轧出的荒管直接进入 3 机架脱管机上脱管，脱管后芯棒返回前台，经冷却、润滑后循环使用。脱管后的荒管，送往步进式再加热炉加热到 920 ~ 980℃后出炉，经高压水除鳞后送往微张力定（减）径机轧制到成品钢管要求的尺寸，再在冷床上进行冷却。

钢管经冷却后，成排送往冷锯切成需要的定尺长度，再送往六辊式矫直机进行矫直，矫直后的钢管经吸灰后进行管体无损探伤，对于有缺陷的钢管进行人工在线修磨、人工探伤、切管；对于无缺陷的合格钢管经测长、称重、人工最终检查，检查后一般管经喷印、标志后进行收集，存入成品仓库，其他需要进一步加工的石油套管管体、管线管、高压锅炉管等，收集后存放在中间库内，然后根据各自不同的加工工序送往相关生产线继续加工。工艺平面布置如图 4-12 所示。

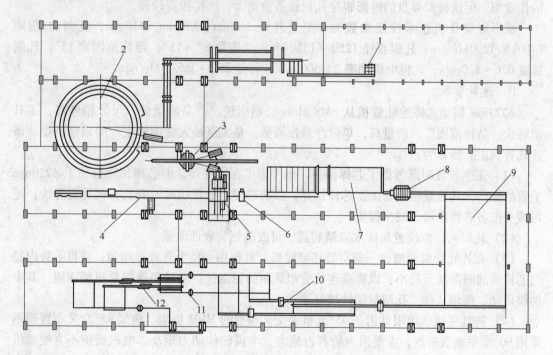

图 4-12　$\phi273mm$ 连轧管机组工艺平面布置

1—管坯上料台架；2—环形加热炉；3—锥形辊穿孔机；4—芯棒循环区；5—连轧管机；6—脱管机；
7—再加热炉；8—微张力定（减）径机；9—冷床；10—排管锯；11—矫直机；12—探伤机

4.4.1.2 主要工艺设备及性能参数

A 锥形辊穿孔机

锥形辊穿孔机从 SMS Meer 公司引进，其工作辊上、下垂直布置，导盘左右水平布置，轧辊直径由入口向出口方向逐渐增大，与穿孔时的金属流动速度逐渐增加相一致，从而减少了作用在管坯上的周向剪切力，可穿制高合金钢和壁厚较薄的毛管，既可为连轧管机提供高质量的毛管，同时又可改变穿孔、轧管两工序间的延伸分配，为配置少机架连轧管机创造条件。与传统的二辊斜轧穿孔机相比，锥形辊穿孔机具有以下特点：

(1) 穿孔效率高。锥形辊穿孔机穿孔速度快，穿孔周期短，产量高，适合与连轧管机配套使用。

(2) 变形区加长，变形过程变缓，能很好地穿轧连铸坯及难变形的金属。由于锥形工作辊及其辗轧角和主动旋转导盘的作用，改变了金属的变形及运动学条件，抑制了金属变形过程中的旋转锻造效应。

(3) 可实现大延伸、大扩径量穿孔。延伸系数可达 4 以上，扩径量可达 30%，这有利于减少管坯规格，扩大产品规格范围。

(4) 采用可靠稳定的长入口导套。1 号抱辊布置紧靠牌坊，出口侧抱辊采用液压装置，可减少毛管的单边，弥补了连轧纠偏能力差的缺点。

(5) 采用整体闭口机架，刚度大。完善的液压平衡和锁紧机构，使穿孔机的弹跳值减至最小，保证调整参数的准确和毛管尺寸的精度。

(6) 工具消耗少，导盘磨损均匀，使用寿命长。每 4~6 周更换一次，提高了穿孔机的作业率。但这种带导盘的锥形辊穿孔机设备重量大，一次投资较高。

锥形辊穿孔机技术性能参数为：毛管外径 246mm、336mm、410mm；轧制力/扭矩 7500kN/1290kN·m；轧辊直径 1250~1350mm；送进角 8°~15°；辗轧角固定 15°；轧制速度 0.6~1.0m/s；轧辊电机功率 2×5000kW；转速 250~365/500r/min。

B 连轧管机

φ273mm 限动芯棒连轧管机从 SMS Meer 公司引进，产品质量好，尺寸精度高，工具消耗少，品种范围广，产量高，单位产量投资低，是大直径无缝钢管生产的最佳机型。该连轧管机主要特点为：

(1) 工艺设计时既考虑了芯棒预穿，也考虑了在线穿棒，但芯棒预穿只用于 φ220mm 毛管的生产，其他规格毛管无需芯棒预穿，以防芯棒与毛管接触时间长，钢管温降快；还可减少配备芯棒数量，减少投资。

(2) 轧机入口侧设置高压水除鳞装置，可改善钢管表面质量。

(3) 在连轧管机前增设一架空心坯减径机，其作用是使毛管外径均匀，并将毛管内径与芯棒间的间隙减至最小，以提高连轧管机轧制的稳定性，空减机选用单机架四辊，其中两辊传动、两辊从动，孔型封闭性较好。

(4) 连轧主机选用限动齿条 45°五机架交叉布置的 MPM 机组。机架 45°交叉布置而不采用 90°水平垂直布置，主要因为后者占地大，伞齿轮传动力矩小，电机维护不方便。机组选用 MPM 工艺而不采用 PQF 工艺，主要因为后者设备笨重，投资增加 25%~30%，大规格 PQF 工艺尚不成熟。

(5) MPM 连轧管机选用了已趋成熟的液压辊缝控制技术（HGC）。它可以提高产品质量，提高金属收得率，减少投资，降低介质消耗；可以改进工艺和操作，减少故障，降低成本。HGC 技术和机械压下、小行程液压控制相比具有如下优点：

1）带负荷高速执行位置调整，动态性能好；

2）位置精度高，重复性好；

3）可用于力的测量和控制；

4）可保护过载，防止轧卡，减少停机；

5）可小打开辊缝，实现紧急状态干预；

6）故障报警后，可保证当根钢管轧完，再停机检修；

7）与在线检测质量管理系统（QAS）相连，可以实现外径、壁厚闭环控制（如温度、轧制力、来料尺寸变化），可补偿工模具的磨损，可实现两端轧尖，减少切头尾损失；

8）可设定冲击补偿，消除钢管咬入时动态速降及峰值压力。

（6）脱管机采用最新结构的三辊 3 机架 9 电机单独传动，结构紧凑，机架更换方便。缩短了工艺流程，提高了终轧温度，并且在脱管的同时也起到一定的延伸和定径的作用。利用脱管机可直接生产部分极限规格钢管。连轧管机技术性能参数为：荒管外径 200mm、281mm、350mm；轧辊直径 $\phi550 \sim 890$mm；最大轧制速度 4.25m/s；最大轧制扭矩 120kN·m；轧辊电机功率 10900kW；转速 60~600/1200r/min。

C 微张力定（减）径机

12 机架 SM670A12 型微张力定（减）径机从 SMS Meer 公司引进。该机机架设计为三辊式矩形结构，采用的是一种新型传动方式，即每一个工作机架中 3 个轧辊分别由 3 台交流变频电机，通过 3 台齿轮减速箱单独外传动（见图 4-13），共计 36 台。这种新型的单辊外传动微张力定（减）径机在国际上尚属首次，与传统的内传动相比具有如下特点：

（1）结构简单，设备维修方便。与单独直流电机传动相比，不仅吸收了直流电机单独

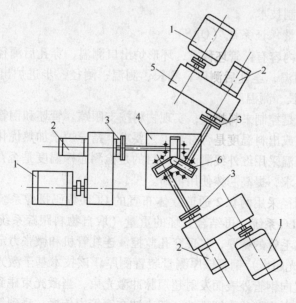

图 4-13　SM670A12 型微张力定（减）径机传动示意
1—电机；2—联轴器离合油缸；3—联轴器；4—机架；5—减速箱；6—轧辊

传动的优点，功率大，解决了主传动通过伞齿轮的过渡来驱动轧辊的问题，而且传动链更短，设备更简单，转动惯量更小，进一步提高了调速系统的灵敏度，减小了动态速降恢复的时间，转速控制精确。调速范围广，适用于各种钢管产品的调速需要。容易获得大的轧制功率，适于高速轧制和大直径钢管的生产。用交流变频电机替代了直流电机，使电机维护变得更加方便。在电气控制方面采用 ABB 公司的直接转矩控制（DTC）技术的变频器和速度数字闭环反馈控制技术，使得单独传动动态速降大的缺点得到比较满意的解决，能够满足工艺要求。

（2）轧辊传动采用外传动方式，即机架中的轧辊传动从机架外部单个传动，机架内只装 3 只轧辊和支撑轧辊的轴承，运行成本低，机架准备简单。有利于缩小机架间距和提高机架强度。缩小机架间距则意味着减小成品管切头、切尾的损失，提高成材率。传动机架内部结构简单，无螺旋伞齿轮，因而机架的换辊、拆装和维护比较方便，能适应微张力定（减）径机频繁换辊的需要；同时还能保证轧辊的装配精度，减少备用工作机架的制造工作量和装配工作量。

（3）采用了轧辊快速拆装技术，机架壳体为整体球墨铸铁件，比常规剖分式的机架具有更大的刚度；轧辊内嵌花键套，轧辊和轴通过花键连接，拆装比较方便，且时间很短；花键套和轧辊轴重复使用，降低了生产成本。

（4）这种外传动一次性投资较内传动要大得多，控制上较内传动要复杂得多；对设备防尘、防水要求较高；设备维修时，外传动必须在线，并且在机架下布置的设备维修不方便，有故障必须停机，会影响生产，而内传动的维修可在机架上进行，不影响生产。

4.4.1.3　先进的工艺控制技术

该机组主轧区基础自动化采用 ABB 公司的 ADVANT CONTROLLER 400 系列 PLC 控制系统，与从 SMS Meer 公司引进的 QAS、MTS、CARTACPM、HCCS、PSS、CARTA-SM 等构成最先进的工艺控制技术。

A　在线检测质量保证系统（QAS）

在线检测的具体内容有：管坯称重，环形炉出口测温，穿孔后测径、测长，芯棒润滑前测温，连轧入口测温，连轧后测厚、测长、测温、测径，步进炉出口测温，微张力定（减）径后测厚、测长、测温。

管坯称重的目的是控制来料超重，实现物料按支跟踪。管坯和钢管测温采用红外测温仪，目的是监测来料或出料温度是否符合工艺要求，指导炉子加热优化，确保所轧钢管的质量和性能。芯棒测温采用红外线测温仪，目的是检测芯棒温度是否在规定范围内，保证芯棒润滑满足工艺要求，提高芯棒使用寿命。

穿孔后测长、测径采用两套 2 通道立体布置的 CCD 数码摄像系统，测量的毛管实际外径和长度值传给 PLC 系统，再结合管坯的重量（取自物料跟踪系统的管坯称重装置）、直径、长度计算得出毛管的壁厚，实现穿孔监控。连轧管机和微张力定（减）径机后各采用 1 通道 Lasus（激光超声）钢管壁厚测量装置测厚，该技术基于激光超声波原理，采用一套大功率激光装置向钢管外表面发射超短脉冲激光束，当激光束碰到钢管表面时，在极短的时间内部分高能激光转化为超声波。超声波在钢管内传播，碰到钢管内表面后被反射回来，反射波由另外一套连续激光装置吸收，根据测量的超声波在钢管内运行的时间即可得到钢管测量点的壁厚精确值。采用该技术的优点是：与以前普遍采用的射线测厚仪、同位素测厚相比，测量精度高，可带芯棒进行钢管的壁厚测量。测厚仪紧靠轧机出口侧安装，可及时发现壁厚超差、偏心过大或多边形严重等问题，便于自动系统实时壁厚控制。

连轧管机和微张力定（减）径机后激光测长使用激光多普勒原理，通过的钢管由两束激光照亮，评估返回的散射光的频率变化，对测量的速度进行积分，求出钢管的长度。

连轧管机和微张力定（减）径机后测径，采用 2 通道 CCD 数码摄像机作为检测器进行无接触测量。测得的数据可以指导连轧优化调整，数据进入物料跟踪系统，实现由连轧管机到微张力定（减）径机钢管尺寸跟踪，为微张力定（减）径机 CARTA 操作提供依据。

B 物料跟踪系统（MTS）

主要任务是向 QAS、HCCS、PSS、CARTA 系统传递订单信息，收集这些系统的检测数据并归档保存；从管坯称重设备开始到冷床结束，跟踪物料通过不同工序时的流水号和各种工艺调整数据。在冷床后只跟踪每批钢管的实际支数和总重量数据。若各机组测量的数据与设定的数据不相符，便会报警。

物料跟踪系统主要跟踪内容有：对管坯进行计数，并把数字与轧制批号、流水号、管坯重量对应起来；系统采用先进先出原则跟踪管坯通过加热炉；管坯出炉穿孔以后，管坯的数据记录中将增加环形炉出口管坯温度、穿孔机后毛管直径、长度、壁厚等数据；连轧后荒管的壁厚、直径、长度、温度的实际值将添加到荒管的数据记录中；荒管通过步进炉，出口荒管的实际温度加到荒管的数据中；从微张力定（减）径机后的测量设备中，跟踪系统取得长度、壁厚、直径、温度等参数。除测量数据之外，如穿孔机、连轧管机、微张力定（减）径机的实际轧制调整值也存储在物料跟踪数据库中，以便作更进一步的分析。

C CARTA-CPM、CARTA-SM 系统

穿孔机工艺辅助设计（CARTA-CPM）系统由 3 个部分组成：

（1）孔型设计系统。主要是穿孔机顶头等工模具设计计算模块和存储工模具参数以及工艺参数设定的数据库。计算的轧制力、轧制力矩、轧制速度和电机功率（负荷）的值也能显示。该系统能够根据产品规格计算出所需的变形工模具参数，并通过储存到相应的数据库为机加工提供工模具的参数设定。

（2）工模具管理系统。该系统的操作终端布置在机加工车间，通过这个终端，操作员可以访问工模具的数据库。如果需要，工模具加工尺寸也能够输进系统作为文件保存，用作以后的数据分析。

（3）工艺管理系统。该系统在操作员站上使用，依据所测量的轧件几何尺寸，提供优化的轧机设定。扩展版本增加了工模具设计的诊断和优化功能，以便于评估和优化轧件尺寸。

微张力定（减）径机工艺辅助设计（CARTA-SM）系统是一个设计、优化、管理轧辊孔型和轧制过程数据的计算机辅助工具，与 CARTA-CPM 一样由孔型设计系统、工模具管理系统和工艺管理系统 3 个部分组成。

CARTA-SM 孔型设计系统用来计算轧辊孔型尺寸，计算结果作为设计数据储存在孔型数据库中，并提供给机加工工序。CARTA-SM 机架管理补充了工艺系统到机架加工间的数据交流，有利于机架加工的组织工作。

D 连轧自动辊缝控制系统 (HCCS)

HCCS 是一个闭环控制系统，提供液压压下丝杆的快速和准确定位。5 个机架共有 20 套液压小舱，每一个液压小舱均有一个单独的液压位置控制器。控制器具有下列功能：

(1) 小舱缸位置控制。比较液压小舱的位置反馈值和位置给定值（从辊缝设定值中计算出），改变伺服阀的输出。

(2) 轧制力的计算。系统将使用安装在液压缸上的压力传感器计算轧制力。

(3) 自动流量增益控制。系统将使用来自压力传感器的轧制力计算补偿伺服阀的开闭。

(4) 同步位置控制。所有液压缸位置的改变将根据轧制中心线同步进行。

(5) 自动辊缝控制。液压缸的位置在轧制过程中将自动地校正，可以实现负荷补偿，毛管头尾部的轧尖及沿钢管长度方向的温度不均补偿，以便得到壁厚均匀的钢管。

(6) 液压小舱位置传感器自动校零。如果电源断电，则液压缸增量型位置传感器校零程序将被自动执行。

(7) 报警程序。如果检测到控制设备故障，系统将辊缝锁定在当前的实际位置，以便完成当前钢管的轧制。为了保护系统，当超过设定的过载值或操作员要求轧机停机时，控制系统立即打开辊缝到安全位置。如果检测轧制力达到限幅，辊缝将少量打开，轧制力达到最大限幅，辊缝迅速打开。

(8) 与 Level I 自动化系统连接。为了有一个公用的人机接口界面和操作指令，系统同 Level I 自动化系统使用标准通讯系统（如 Ethernet TCP/IP、Profibus、Reflective、Memory 等）。

E 连轧工艺监控系统 (PSS)

PSS 能够给管理该区域的操作员、技术人员、维修人员提供技术支持，优化产品质量。PSS 具有如下功能：

(1) 数据采集。PSS 与 HCCS 和 I 级自动化系统相连，可以高速采集所有上传的数据和实际操作值。采样内容包括电机速度、扭矩、电流、芯棒位置、钢管温度、轧辊辊缝、轧制力等工艺数据及物料跟踪情况。

(2) 数据登录。可以实时地显示许多来自设备的重要信号，并同检查值或先前存储的数据进行比较。数据登录器包括以下功能：

1) 在线图形显示。在主操作台有一个专用的操作终端，操作员能够在轧制期间实时地看到当前钢管所选择的信号。

2) 循环归档文件的数据储存。每根钢管收集的数据将自动保存到最后轧制钢管的循环归档文件里，开始采集数据的时间和日期以及钢管的 ID 号码也将自动地存储。

3) 工艺报表。每根钢管相关的数据将自动处理，以便得到一个关于工艺、操作、诊断等方面最重要的数据报表。

4) 轧机诊断工具。使用报表值，进行工艺分析，以便从工艺方面监督产品质量。如果实际参数和希望值相差太远（用设定模块计算），则控制系统自动地检查这些值并提示操作员。

5) 离线图形显示。与轧制钢管相关的所有存储数据可以在技术终端和维修终端上显示，方便更进一步地分析。

6）历史技术趋势。为了得到更好的分析，一根接一根的钢管的报表数据将被收集并显示在一张简单明了的趋势图里。

（3）设定计算。计算连轧管机及限动机构等的工艺设定，计算基于通过网络接收的MTS和键盘输入的原始数据。主要的输入数据是：产品数据（直径、壁厚、钢号），设备数据（轧辊尺寸、芯棒），工艺参数（在调试时已调好的数学模型参数）等。

（4）自适应模型。自适应模型在每根钢管经过后运行，数学模型从报表数据中或直接从 Level I 自动化系统的数据库中获得输入数据，然后重新计算出必要的输出数据，并在下一根钢管轧制之前发送数据给 Level I 自动控制系统。自适应模型可以由操作员中止或启用。

4.4.2　ϕ340mm 高精度 HFW 钢管生产工艺布局和设备选择实例

4.4.2.1　设备方案的确定

双面螺旋埋弧焊管常规直径为 ϕ355.6～2540mm，壁厚 5.6～25.4mm，材质达 X70。国外长输管线一般已不采用，国内由于西气东输，约有 50% 用螺旋埋弧焊管，所以又上了几十套机组，如果再上螺旋焊管是没有前途的。直缝埋弧焊管一般直径为 ϕ406.4～1626mm，壁厚 6.4～44.5mm，材质达 X80。国外有 40 多套直缝埋弧焊管机组，生产量不足。国内已有 5 套直缝埋弧焊管机组。直缝埋弧焊钢管产品质量高，但用途有局限性，且设备重、投资大，考虑运输及市场等不利因素，也不便选用。

直缝高频焊管适用直径为 ϕ10.3～660mm（常规 ϕ60.3～609.6mm），壁厚 1.7～20.62mm，材质达 X70，产品用途十分广泛，除压力管外，包括油缸管、锅炉管和石油用管。国内虽有近 1800 套高频直缝焊管机组，但其中生产高档次达 API 标准的中口径机组也不过 8 套（ϕ508mm 一套，ϕ426mm 一套、其余为 ϕ355.6mm 及 ϕ323.9mm 机组）。

根据上述分析，如果上一套外径 ϕ610mm、壁厚 19.1mm 的 HFW 机组是很有必要的，但考虑到投资大，建设周期长，同时国内已有几个有实力的单位也正在筹建此机组，最后选定一套 ϕ140～340mm 高精度焊管机组，可以满足 ϕ139.7～339.7mm 套管及相应尺寸的高、中压输送管和机械、建筑结构用管的需要，同时避免了同行业、同地区和同档次品种的重复建设，为提高企业的经济效益创造了有利的条件。

4.4.2.2　工艺流程

焊管工艺流程如图 4-14 所示，拟定以下工艺规程包括三条线：纵剪线（→）、焊管线（⇨）和精整线（→）。

最后从技术水平、投资大小和经济效益综合考虑确定主要工艺参数如下。

成品规格：直径 ϕ140～340mm，壁厚 3.8～11.1mm，材质最高 X65，管长 6～12.243m，最大试压：25MPa。钢卷规格：内径 ϕ610mm、ϕ762mm，外径 ϕ1300～2000mm，卷重最大 20t，原料工作宽度 430～1070mm，毛料宽度最大 1090mm。生产速度：8～32m/min，充料速度 40～80m/min，年产量 12×10^4t。

4.4.2.3　主要设备选择

A　剪切对焊活套

设计活套储量 350m，焊速 28m/min，对焊时间 12min，采用半自动埋弧焊、单面焊双

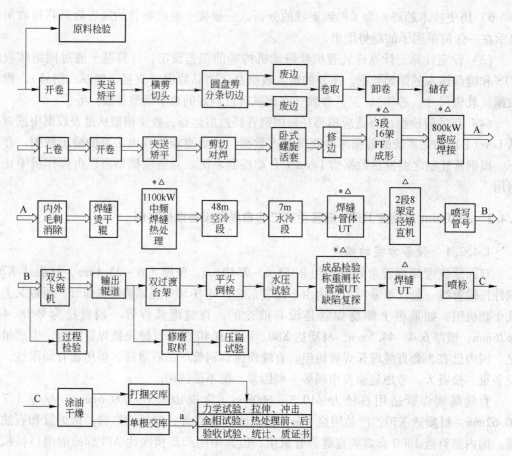

图 4-14　高精度 HFW 钢管生产线工艺流程示意图

A，B—焊管线；C—精整线；*—具有专利技术或本公司 know-how；△—API 规定特殊工序

面成形，如辅助设施设计得当，可以与生产速度相匹配，且对头焊缝硬度低，有利于提高轧辊和内毛刺刀具使用寿命，加上技术诀窍可实现全程内毛刺清除工艺操作。

B　成形系统

根据产品的直径、壁厚及 t/D 比，采用先边缘成形，经开口孔型再经立辊组到闭口孔型。如末架闭口孔型设计合适，可以省掉焊缝导向辊，否则也应靠末架闭口孔型和焊缝导向辊一起实现对开口角和对接边平行度的控制，加上技术诀窍实现焊缝的高韧性指标。

C　高、中频设备

机组选定全感应焊接，避免接触焊引起的打火、烧痕和焊接不稳定，输出功率选定 600kW，频率 300kHz，由于国产固态焊机尚达不到此功率等级，只好选用国产电子管式振荡功率为 800kW 高频设备、用两个 914 电子管串联运行，同时配有焊接温度自动控制系统。为了消除焊接应力，改善焊缝金相组织，细化晶粒，提高焊缝韧性，必须对焊缝进行热处理，而要达到一定的热处理深度，需选用多台直线感应器加热。本机组选择两台功率不同、频率不等的中频加热装置，并配有热处理温度显示控制系统，从而完全满足石油、天然气输送管和石油套管的韧性要求。

本机组总的中频功率为高频输出功率（接触焊）的 2.5 倍，空冷段长度不小于焊速的

1.5倍。高频电流透入深度 $\delta = 50300$ $(\rho/\mu f)^{1/2}$，其式中钢的电阻率 Q 和磁导率 L 随加热温度变化曲线如图4-15所示。计算出钢从室温加热到大于居里点（760℃）至1200℃，电流透入深度 D 增大约25~30倍，所以设计第一台频率应为 500~800Hz，第二台频率为 1000~1300Hz，第一台功率应高于第二台的 20%~30%。

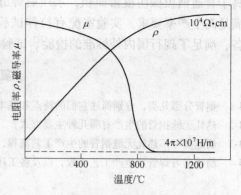

图 4-15　钢的电阻率 ρ 和磁导率 μ
随加热温度变化曲线

D　内毛刺清除装置

本机组对内毛刺装置提出了较高的要求，主要有：

（1）采用环形刀结构，具有 360° 的刮削刀刃，且与管内壁圆弧接触，保证刮削精度为 ±0.25mm，刀的使用寿命应大大高于普通刀具。

（2）在管外可以随意调节刮削位置，且不影响刮削精度。

（3）可以实现与高频开、停机及对头焊缝前后的手动、自动升降。

（4）采用液压升降机构，提供恒定的刮削压力。

（5）采用强水冷却阻抗器，创造必备的高频感应焊接条件。

E　定尺飞切机

当前国内外机组所使用的定尺飞切机，从切削质量看依次为：铣削（国外一些机组）→车削式（宝鸡）→挤压式（从台湾引进）→锯片式；但从经济角度看，以锯片式为最经济，国内有成熟制造使用经验。因此，这次选用国内新开发的产品：电脑定尺双锯片飞切机，其定尺精度为 ±3mm，切削 $\phi140mm \times 5mm$ 时，焊速达 32m/min，$\phi340mm \times 12mm$ 为15m/min。锯后管端错边小于 0.5mm，毛刺小于 3mm，系统采用 590 英国欧陆全数字式可逆调速，稳定可靠，可以满足焊管生产线及精整修端机要求。

F　精整主机

为减轻重量，选用单工位错头布置机械式平头倒棱机，上下料用有马尔他机构的步进式链条，刀具进给为气动液压组合式，并带有内靠模辊，PLC 控制器可以实现上下料及切削过程的全部自动操作，满足 API 和 ISO 标准的管端三大指标要求。为达到 API 和 ISO 标准要求，选用单工位三梁式水压机，试验压力 25MPa，可调范围 6~12.243m，径向密封，并带有试验压力、时间自动记录仪以及 PLC 控制器。

G　电控系统

本机组采用当今世界最先进的电控系统。直流电机选 Z4 型，调速系统用英国欧陆公司控制器，交流电机选 Y 系列，调速采用日本富士公司 VVVF 系统，全线采用日本三菱公司 PLC 控制。精整区采用无触点开关自动化操作翻管器、给管器、升降挡板和变频辊道，可达到节省人力、节约电能及减少噪声的目的。

H　无损检测和实验室设备

本机组用国内首创在线焊缝及管体联合探伤机，管体探伤用 12 个探头，呈 30° 分布，高于普通钢板探伤覆盖面积，水压后焊缝全长探伤，两组探头，各完成 6m 长焊缝检验，满足高生产率要求。实验室配有拉伸试验机、冲击试验机、化学分析、金相检验全套设备，满足了现行国内外标准的检验、试验要求。

复习思考题

4-1　钢管分哪几类，分别简述它们的特点和基本生产过程。

4-2　热轧无缝钢管的生产有哪几种主要方式？

4-3　简述实习厂热轧无缝钢管的生产工艺流程，以及各工序的作用。

4-4　简述实习焊管厂生产工艺流程，以及各工序的作用。

5 锻造生产工艺

5.1 概　述

锻造加工是利用工具对金属材料施加外力，使之产生塑性变形，改变尺寸、形状及改善性能，用以制作机械零件、工件及毛坯的加工成形方法。锻造又可分为冷锻和热锻。热锻是一种经久不衰的传统工艺方法，延续至今，衍生出许多不同类型的塑性加工方式。随着现代工业的高速发展，性能优良的新型高精度塑性加工机械不断涌现，模具材料不断更新，润滑条件不断改善。尽管冷锻方法一直保持着迅猛发展的势头，热锻的重要性也并未因此而降低。

热锻按其加工方式可分为自由锻造、模锻和特种锻造 3 大类。

5.1.1 自由锻

在锻造设备的上、下砧之间，只用简单的通用性工具直接使坯料变形而获得所需几何形状和内部质量的锻件，这种热机械加工方法称为自由锻。自由锻造方式适用于特殊钢锭的开坯锻造、大型锻件的锻造及生产形状简单的小批量锻件。其基本操作方式如图 5-1 ~ 图 5-3 所示。

图 5-1 所示为热锻的延伸作业（拔长）方式。这种变形方式的主要特点是依靠砧面或工具沿毛坯径向反复进行压缩，使毛坯的横断面面积减小而长度增加。延伸作业时，材料伸长的方向称为锻造方向。图 5-1 （a）和图 5-1 （b）所示为平砧拔长（flatling），它的主要特征是坯料伸长的方向与力的作用方向垂直且砧面为平面。图 5-1 （a）所示为使用宽度较窄的砧子进行拔长，坯料的伸长量大、展宽量小；图 5-1 （b）所示为使用宽度较大的砧子进行拔长（宽砧锻造），坯料的伸长量相对较小，展宽量相对较大。拔长圆形截面坯料时，可以用圆形截面坯料在圆弧形砧内直接拔长，也可以使用方形截面坯料拔长后再倒棱、精整为圆形，如图 5-1 （c）所示。以上均为实心件拔长（solid forging）的例子。空心件拔长有两种主要形式：一种为芯棒拔长（mandrel forging），另一种为芯棒扩孔（enlarging forging）。芯棒拔长如图 5-1 （d）所示，是将芯轴（工具）穿入中空毛坯进行拔长，坯料在变形时内径基本不变化，仅外径（壁厚）减小而长度增加。芯棒扩孔（见图 5-1 （e））又称马杠扩孔，是将中空坯料套在马杠的芯轴上锻打，坯料长度增加不大，壁厚减薄，而内外径同时增大，相当于沿毛坯切向拔长。

图 5-2 所示为镦粗工序（upsetting）的示意图。镦粗工序的变形特点是沿轴向压缩坯料，使其全部（或局部）高度减小而横截面积增大。其中图 5-2 （a）所示为平砧整体镦粗的示意图，整体镦粗后再加以精整（消除侧面产生的鼓形、平整端面等），可成形一般锻件；为提高锻件内部质量（如锻造高合金工具钢等），沿轴向镦粗后，还可以沿径向甚至三维方向依次反复压缩，充分破碎内部碳化物，并改善其分布状态，使坯料纵横两方向的性质均得到大幅度的提高，从而获得组织、性能俱佳的锻件。图 5-2 （b）又称镦锻

（heading），实际上属于闭式模锻，变形特点是毛坯局部受到压缩而减少长度、增大横截面积的工序，锻造螺栓头部、半轴头部时常采用这种工序。

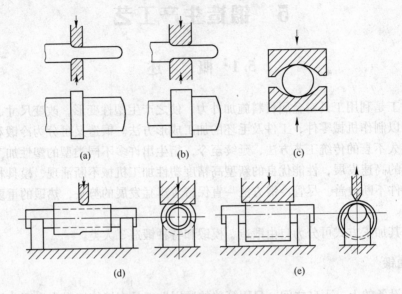

图 5-1 常见锻造方式

（a）平砧拔长；（b）宽平砧拔长；（c）摔圆截面；（d）芯棒拔长；（e）芯棒扩孔

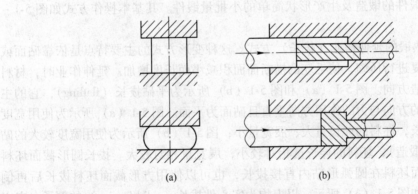

图 5-2 镦粗工序的示意图

（a）平砧镦粗；（b）镦粗头部

锻造台阶状锻件时，常用如图 5-3（a）和图 5-3（b）所示的压肩工序。实际操作时，可利用上下砧面直接压肩（见图 5-3（a））。但为了使台阶部分更加整齐光滑，常用单面剁刀及弧形垫铁压肩（见图 5-3（b）），然后再拔长另一端的方式进行锻造。图 5-3（c）所示的工艺方法称为热剁切断，即边转动坯料边用剁刀进行剁切，直至将坯料分离。对于矩形断向坯料，可用剁刀从一面剁入该部位深度的 4/5 左右，再翻转 180° 后从另一面剁断。自由锻生产中，常用热剁方式切除多余料头或下料。

5.1.2 模锻

利用模具使坯料变形而获得锻件的锻造方法称为模锻。模锻的主要类型有三种。其中外式模锻又称有飞边模锻，其主要特点是两个模块之间间隙的方向与模具的运动方向垂直，在模锻过程中间隙不断减小；闭式模锻又称无飞边模锻，主要是特点是两模间间隙的方向与模具运动方向相平行，在模锻过程中间隙的大小不发生变化；而多向模锻是沿两个（或多个）不同方向同时加载的模锻方式，主要是在具有多个分模面的闭式模膛中进行。

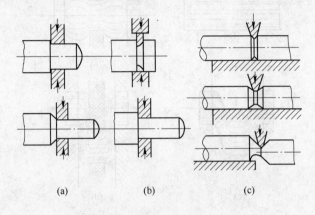

(a)　　　　　　(b)　　　　　　(c)

图 5-3　压肩及切断的操作方式
（a）压肩；（b）剁刀压肩；（c）热剁切断

图 5-4 所示为开式模锻时坯料的成形过程。毛坯在上下模的模膛内承受打击后，镦粗变形并挤入模膛。模膛充满后，多余金属经飞边桥部流入飞边仓内，直到上下模的分模面完全闭合为止。飞边桥部是具有一定宽度的凸起，沿模膛边界分布。此处的坯料金属较薄，是变形金属温度下降最快、变形抗力最大的区域。有助于锻件充满模膛。飞边仓部则用于容纳多余金属。由于开式模锻的工艺特性，及其在坯料、模膛几何尺寸方面存在误差、加热过程中坯料的烧损量不相同等原因，坯料的体积要比锻件体积稍大一些，多余的部分即称为多余金属。模锻结束后，多余金属流入仓部形成飞边，将飞边切除即得到模锻件。开式模锻件的尺寸精度比自由锻高得多，但制造模具需要花费较多的时间和费用，只适合于中、大批量锻件的生产。

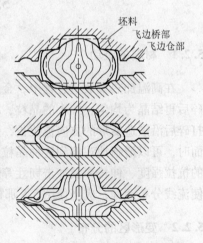

图 5-4　开式模锻时坯料的成形过程

5.1.3　其他热锻方式

锻造小型曲轴或形状类似的弯曲锻件时，可以采用弯曲—模锻的锻造方式，也可以利用曲柄压力机类锻造设备及其辅助装置，将圆截面棒料直接成形为曲轴，如图 5-5 所示。具体锻造过程为：先将不需要成形的轴颈部分夹紧（见图 5-5（a）），左右侧模具向中心推挤锻件，使之预成形（见图 5-5（b）），在两侧模具继续推挤的同时，中间滑块向下运动，使中间模具下移，进行镦挤和弯曲，直到成形（见图 5-5（c）和图 5-5（d）），过程结束。

热锻加工方式还有利用轧制方法生产锻件的辊锻加工、坯料边旋转边受轴向打击、直径逐渐增大的旋转锻造（摆辗）方法，以及滚轧（搓丝）等加工方式。

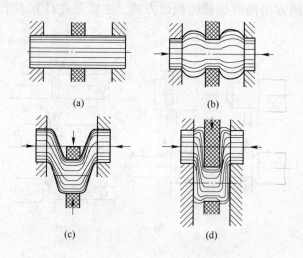

图 5-5　曲轴成形过程（专用曲轴成形机）
（a）夹持坯料；（b）预压缩；（c）成形曲拐；（d）终成形

5.2　锻造工艺特性

5.2.1　材料的流动

在高温加热及锻造过程中，金属材料经过大变形量的压缩变形，其内部晶粒经机械破碎后再结晶为均匀、细小的晶粒，材料内部的不纯物质（硫化物、碳化物、氧化物等）被打碎后沿锻造变形的方向被拉长，形成流线。使用适当的方式观察充分锻造变形的锻件断面时，可以清晰地观察到这种晶粒及不纯物质所构成的流线分布状态。沿流线方向，材料的抗拉强度、伸长率及冲击韧性等性能均大为提高。因此，锻造时应尽量避免切断流线或使流线分布紊乱，应当像图 5-5 那样，保证流线沿锻件断面均匀分布。

5.2.2　变形区的分布

平砧镦粗时坯料的变形过程如图 5-6 所示。镦粗后坯料高度降低，横断面面积增大。由于砧面（工具）和变形坯料端面之间存在摩擦，以及坯料表面与工具接触导致温度降低速度较快等因素，使坯料端面很难沿横向展宽。这种影响沿轴向（压缩方向）至中心逐渐减弱，使中间部分横向展宽量最大，形成鼓形。坯料内部变形不均匀，分为三个变形区。其中Ⅰ区变形量最小，为难变形区；Ⅱ区变形量最大，为大变形区；Ⅲ区为小变形区。平砧镦粗时这三个变形区的分布区域如图 5-6（b）所示。当锻压力不足或坯料过高时，变形区分布如图 5-6（a）所示，此时中间部分金属得不到充分变形，材料的性质得不到充分的改善。

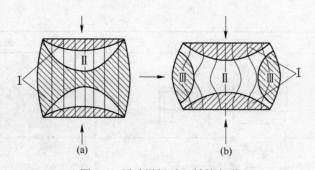

图 5-6 平砧镦粗时坯料的变形

（a）锻压力不足或坯料过高时变形区分布；（b）一般镦粗时的变形区分布

5.2.3 锻造比

考察锻造对成形或改善坯料内部质量的影响时，需要对锻造时坯料的变形量（变形程度）是否合适作出判断。实际生产中习惯用锻造比作为衡量锻造效果的指标，见表 5-1。但是，应该注意到仅用锻造比这一个指标并不能全面、完整地反映材料的真实变形程度。锻造比是指坯料在最大主变形方向上的变形比，见表 5-1 第二栏中前两列中的实心件锻造时，最大主应变为 $\varepsilon = \ln (l/L) = (A/a)$，所以用能够将其间接地反映出来的 l/L 或 A/a 值作为成形比，其中 l、a 分别为坯料变形前的长度、截面积；L、A 为坯料变形后的长度与截面积。例如截面积为 6000cm^2 的坯料经拔长后成为截面积为 4000cm^2 的锻件，其锻造比 $y = 1.5$。一般材料的锻造比达到 4，即可初步达到改善内部组织和性能的目的。锻造比再增大，效果就不明显了，高合金钢另当别论。

表 5-1 常见变形方式及锻造比

变形方式	变形简图	锻造比
钢锭拔长		$y = \dfrac{D_1^2}{D_2^2}$
坯料拔长		$y = \dfrac{D_1^2}{D_2^2} = \dfrac{l_2}{l_1}$
两次镦 粗拔长		$y = y_1 + y_2 = \dfrac{D_1^2}{D_2^2} + \dfrac{D_3^2}{D_4^2}, \quad y = \dfrac{l_2}{l_1} + \dfrac{l_4}{l_3}$
芯棒拔长		$y = \dfrac{D_0^2 - d_0^2}{D_1^2 - d_1^2} = \dfrac{l_1}{l_0}$

变形方式	变形简图	锻造比
芯棒扩孔		$y = \dfrac{F_0}{F_1} = \dfrac{D_0 - d_0}{D_1 - d_1} = \dfrac{l_0}{l_1}$
镦粗		$y = \dfrac{H_0}{H_2}$ 及 $y = \dfrac{H_0}{H_1}$

注：1. 钢锭倒棱时的锻比不计入总锻造比之内。

　　2. 连续拔长或连续镦粗时，总锻比等于分锻比乘积。

　　3. 两次镦粗拔长和两次镦粗间有拔长时，按总锻造比等于两次分锻造比之和计算，即 $y = y_1 + y_2$ 并且要求分锻造比 y_1、y_2 均不小于 2。

5.2.4　锻造温度

坯料温度越高，变形抗力越小，塑性加工也就越容易进行。但变形温度离固相线太接近，并在此温度下长时间停留，奥氏体晶粒急剧长大，同时氧化性气体渗入晶界，使晶间物质氧化，形成低熔点化合物，造成过烧，使材料报废。此外还应注意过热温度（晶粒开始急剧长大的温度），以避免锻造后锻件强度和冲击韧性降低。因此，锻造温度范围（即开始锻造时坯料温度与锻造结束时坯料温度之间的一段温度区间）应在再结晶温度以上，同时要保证不产生过热和过烧现象。此外，还应注意到设备的加工速度过高时，坯料会因变形剧烈而产生热效应，使温度继续升高，精整时停锻温度过高会使晶粒长大等现象。各种常见材料的锻造温度范围见表 5-2。

表 5-2　常用材料的锻造温度

钢材类别	始锻温度/℃	终锻温度/℃	锻造温度范围/℃
碳素钢	1280	700	580
优质碳素钢	1200	800	400
碳素工具钢	1100	770	330
合金结构钢	1200 ~ 1150	850 ~ 800	350
合金工具钢	1150 ~ 1100	850 ~ 800	300 ~ 250
高速钢	1150 ~ 1100	900	250 ~ 200
耐热钢	1150 ~ 1100	850	300 ~ 250
弹簧钢	1150 ~ 1100	850 ~ 800	300
轴承钢	1080	800	280

钢材加热至高温时，会产生氧化及脱碳现象。脱碳会造成锻件表面碳含量降低，影响锻件质量，锻前必须将氧化皮清除干净。为减轻氧化和脱碳造成的危害，应尽量减少坯料在高温下停留的时间，必要时可以采取防止氧化、脱碳的保护加热措施。

5.3　锻造机械及附属设备

5.3.1　加热炉

一般的室式炉以煤气、重油或煤为燃料加热锻件，这种加热方式适用于中、小批量锻件的生产。如加热大锻件时均采用密封性较好的室式炉。大批量生产锻件可以采用连续炉（能实现冷料自动装炉，坯料加热到始锻温度并经合理保温后自动出炉）、半连续炉。这类炉子一般以煤气为燃料，可根据需要调节炉内气氛，减轻坯料的脱碳倾向。此外，还可以选用加热速度快、质量高的电加热方法，但成本相对较高。

5.3.2　锻造机械

锻造时提供变形力的锻造机械主要分为锤和压力机两大类。图 5-7 所示为其结构及作用示意图。其中锤类设备的打击行程不固定，打击速度及每分钟打击次数均比较高；接卸压力机类设备打击行程固定，速度较慢，每分钟行程次数相对较少，适用于尺寸精度较高的锻件和较精密锻件的生产；摩擦压力机具有锤、压力机的双重工作特性，且成本较低，但效率也比较低；液压机类设备较多用于自由锻，特别是大型锻件的自由锻造。

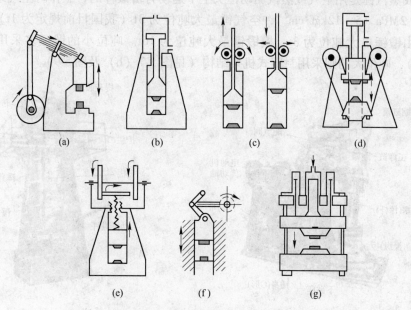

图 5-7　锻造机械的种类及用途
（a）弹簧锤；（b）蒸汽-空气模锻锤；（c）夹板锤；（d）对击锤；
（e）螺旋压力机；（f）肘杆式压力机；（g）液压机

锤类设备结构及动作如图 5-7（a）～图 5-7（c）所示。它们主要是靠锤头的落下运动打击锻件，为坯料的塑性变形提供变形能量。落锤类设备的锤头式以自由落体的形式打击锻件，而蒸汽-空气锤的锤头落下时，还存在空气或蒸汽的加速作用，落下速度要大得多。锻锤的能力大小一般用锻锤落下部分的总重量来表示，也可以用变形功来表示。设锻锤落下部分总重量为 W，落下距离（行程）为 h，开始加压打击时速度为 v，则有：

$$v = \sqrt{2gh}$$

由此可得其具有的能量为：

$$E = \frac{mv^2}{2g} = mh \tag{5-1}$$

即落锤的变形功可用落下部分的总重量与落下高度（行程）表示。对于蒸汽-空气锤，若气缸直径为 d，作用于活塞的气体单位压力为 p，其运动速度 v 为：

$$v = \sqrt{2g\frac{h}{m}\left(m + \frac{\pi}{4}d^2p\right)} \tag{5-2}$$

具有的打击能量为：

$$E = \left(m + \frac{\pi}{4}d^2p\right)h \tag{5-3}$$

比较式（5-1）及式（5-3）可知，在落下部分总重量与落下高度相等时，蒸汽-空气锤打击能量要比落锤大，而且空气压力 p 越大，打击能量就越高。弹簧锤、蒸汽锤均可用于自由锻造。弹簧锤是利用偏心轮的运动拨动弹簧，弹簧驱动锤头上下运动，打击次数可高达 $100 \sim 300$ 次/min。但这种锤的吨位较小，只有 $15 \sim 250\mathrm{kg}$，只能用于小型锻件自由锻。空气或蒸汽锤是用空气或蒸汽驱动锤头上下运动打击锻件的，工作时空气或蒸汽压力为 $0.5 \sim 1.2\mathrm{MPa}$（$5 \sim 12\mathrm{kgf/cm^2}$），空气锤最大吨位为 3t（我国目前规定为 1t）；蒸汽-空气锤中自由锻锤最大吨位为 3t，模锻锤最大吨位为 16t。吨位小的锻锤多采用悬臂结构（见图 5-8），吨位大的则采用封闭式机架结构（见图 5-7（b）及图 5-9）。

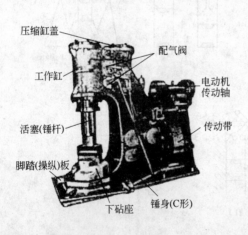

图 5-8　空气锤

图 5-9　夹板锤

夹板式模锻主要用于开式模锻。按打击后锤头的提升方式，可分为夹板式、系杆式、链式等。夹板式锤的外观及简单构造分别如图 5-9 及图 5-7（c）所示。锤头安装在矩形断面的钢板下端，两个棍子从两侧夹着钢板上端的辊轮作回转运动，使之达到一定的高度后，辊、板脱离接触，锤头即靠自重落下。这种锤的最大吨位为 2t，最大提升高度为 2m。锤类设备（特别是用于模锻的锤类设备）工作时会产生很大的震动。为减轻震动，砧座重量应比锤的吨位大 $10 \sim 15$ 倍以上，同时必须保证锻锤基础的强固性。图 5-7（d）所示为对击锤（无砧座锤）的简单结构示意图，其主要特征是通过上下砧的对击运动打击锻件，能更有效地发挥打击能量，降低砧座重量，减轻震动。

5.3.3 其他常见锻压设备

除锤类设备外，还有曲柄式、肘杆式机构的机械压力机，如热模锻压力机、平锻机等，适用于形状复杂的模锻件或特殊形状模锻件的大批量生产。此外还应配备各种棒料剪切机及切飞边设备，以满足热锻工艺过程中的各种实用要求。

5.4 锻 模

5.4.1 锻模的类型

根据不同原则，可以对锻模进行不同的分类。如根据锻造时模膛是否闭合，可分为开式锻模或闭式锻模；根据模具上磨膛的数量，可分为单模膛锻模或多模膛锻模等。其中单模膛、多模膛的开式锻模分别如 5-10（a）所示，闭式锻模如图 5-10（b）所示。

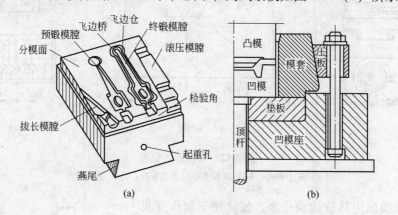

图 5-10　锻模示意图
（a）多模膛开式锻模；（b）闭式锻模

图 5-10（a）所示为锻造连杆时使用的多模膛锻模，按照模锻工艺要求，锻模工作面上设有拔长模膛、滚压模膛、预锻模膛和终锻模膛。将加热后的烘料依次在各个模膛中锻打成形为带飞边的模锻件，然后在压力机上切除飞边，经过校正后，就成为合格的模锻件。这种方法工作效率较高，生产的锻件（连杆）质量也较高。

5.4.2 锻模设计要点

按照模锻时金属的变形特征，锻模模膛可分为制坯（包括弯曲）模膛、预锻模膛、终锻模膛和切锻模膛四种类型。设计制坯模膛时应保证模膛结构合理，使坯料能够按工艺要求逐步改变形状，得到断面尺寸合适、表面光滑的坯料，以改善预锻、终锻模膛的受力状态，提高其寿命。在此基础上，还应考虑满足模具强度、锻模加工及锻造时易于操作等要求，因此必须综合考虑以下几点：

（1）锻模的模膛或分模面形状不对称时，锻打会产生水平推力，易使模具错移或损

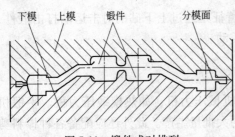

图 5-11　锻件成对排列

坏。应尽量设计成对称形状；非对称形状的锻件（特别是弯曲类锻件），应尽量保证模膛的整体性（见图 5-11）。

（2）应保证终锻模膛（包括飞边）水平投影的形心与锻锤锤杆的中心重合（见图 5-12（a））。有预锻模膛时，应按图 5-12（c）的方式排列。

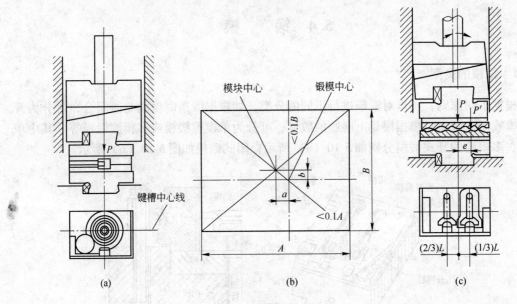

图 5-12　模膛形心位置

（a）正中锤击；（b）模膛中心位置的安排；（c）偏心锤击

（3）分模面应尽量选成平面，使之便于制作（见图 5-10（a））。

（4）为了便于从模膛中取出锻件，模膛侧壁上设有模锻斜度。一般内模锻斜度要比外模锻斜度大些（见图 5-13）。

（5）模锻件边角部分要采用适当的圆弧过渡，以利于锻件成形和提高模具强度。

（6）锻件上窄而高的筋或薄而宽的部分，模锻时变形困难，而且容易产生折叠，设计时应加以注意。

（7）飞边桥部、仓部的结构尺寸与锻件成形难易程度有关，应根据锻件具体形状来考虑。一般桥部宽度为 8～14mm，仓部宽度为 22～40mm。

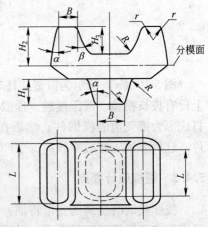

图 5-13　模锻斜度的表示方式示例

α—外模锻斜度；β—内模锻斜度

5.4.3　锻模材料

模锻时，模膛长时间接触高温锻件，温度高达 200～300℃。模膛的角部或凸起部分等较薄部分的温度甚至高达 500~600℃以上。此外，模膛的角部还要承受打击时产生的强大冲击力和冷却液的爆发性燃烧，工作条件非常恶劣。因此，要求锻模材料具有以下性质：耐热性和耐磨性高；有较好的冲击韧性；易于进行热处理，不易走形；机械加工时的切削性能良好。

我国常用的锻模材料为 5CrMnMo 或 5CrNiMo，锻件批量小时也可以选择其他代替材料。

复习思考题

5-1 简述锻造工艺的种类和特点。

5-2 锻造的主要设备有哪些?

5-3 锻造时，金属内部的流线是如何形成的，流线有什么用途?

5-4 列出锻件设计时的要点。

6 挤压与拉拔

6.1 概　述

拉拔加工是制作棒材、管材、线材的一种塑性加工方法，如图 6-1 所示。从轴线方向牵引金属棒材或管材，迫使其产生塑性变形，通过锥形凹模的模孔，使坯料断面面积减小、长度增加，成形为断面形状与凹模孔形相同的棒材、管材或线材。除碳化钨、钼等少数材料需要在热态下拉拔外，大多数金属均在常温下进行冷拉拔。又因为通常将直径小于 15mm 的细金属称为"线材"，所以通常将线材的拉拔称为"拔丝"。

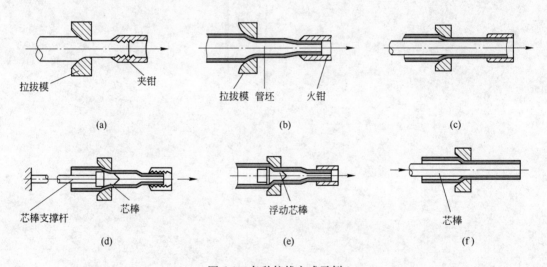

图 6-1　各种拉拔方式示例

（a），（b）无芯棒拉管；（c）芯棒拉管；（d）球头固定芯棒拉管；（e）浮动芯棒拉管；（f）冲挤成形

拉拔管材时，管的外径缩小，内径和壁厚的变形则由具体加工方式而定。无芯棒拉管（见图 6-1（a）和图 6-1（b））时，一般管壁厚的增加量约为外径减少量的一半。芯棒拉管工艺（见图 6-1（c））可保证管的外径与壁厚同时减少，常用于小直径薄壁管的拉拔。球头固定芯棒拉管（见图 6-1（d））适用于直径较大的管材。在拉拔过程中芯棒球头的位置始终保持不变，简化了操作过程，使拉拔后的管壁厚度更加均匀，内表面更加平整光滑。必要时还可以选用中空的支撑杆和芯棒，使润滑剂通过支撑杆、芯棒直接注入变形区，以增强润滑效果。浮动芯棒拉管（见图 6-1（e））在拉拔过程中浮动球头可以自动保持正确的位置，适用于细长管件的拉拔。冲挤成形法（见图 6-1（f））具体工艺是先进行拉深、挤压，将厚板制成带底筒形件，再穿入芯轴压入凹模。这种方法可拉拔内外径同时满足要求的带底筒形件。制造直径较大、壁厚较厚、形状类似氧气瓶的零件时，采用这种方式进行成形是比较合理的。

6.2 材料的变形力与拉拔力

设圆形截面坯料的直径为 d_0、断面积为 A_0，当它通过图 6-2 所示的锥角为 2α 的圆锥形凹模模孔后，被拔成直径为 d、断面积为 A 的线材。在变形区 $abcd$ 中截取一厚度极薄的截锥体 $gnn'h$ 进行受力分析。$gnn'h$ 上作用着轴向拉应力 σ、模壁压力（反作用力）p、模具和材料接触面上的摩擦力 μp 及平衡力 $\sigma + \mathrm{d}\sigma$。由于压力 p 的作用，使坯料在断面积急剧减小（与单向拉伸相比）时不至于破坏。

拉拔时，坯料中心部分在轴向拉应力作用下产生变形，如图 6-2 中 a 所示。表层部分变形时除上述应力外，还存在摩擦力引起的剪切应力，如图 6-2 中 b 所示。因此中心部分与表层部分的变形状态不同。凹模锥角 α 越大，剪切作用的影响就越大，坯料表层金属的加工硬化越严重。

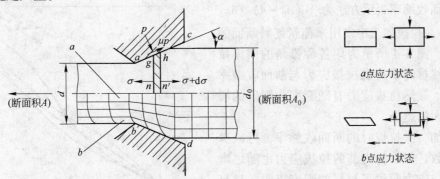

图 6-2 拉拔加工时材料的变形

根据以上特点，坯料需要的拉拔力应当由以下三方面组成：使坯料截面积减小所需的力，克服坯料与模具间的摩擦所需的力，以及如图 6-2 所示的材料通过凹模时由于纤维方向变化而附加的力。考虑这些因素，理论上所需的拉拔力为：

$$P = \sigma_s A \left\{ \left(1 + \frac{1}{\mu \tan\alpha} \right) \left[1 - \left(\frac{A}{A_0} \right)^{\mu \tan\alpha} \right] + \frac{4\alpha}{3\sqrt{3}} \right\} \tag{6-1}$$

式中 σ_s——拉拔坯料的屈服强度（取拉拔前后坯料屈服强度的平均值）；

α——凹模锥角（单侧），通常以弧度表示。

若仅考虑使棒料直径减少所需的应力，则拉拔力与凹模锥角大小无关，仅随坯料拉拔时的断面减小量变化。锥角 α 越小，坯料与凹模的接触长度越大，因而摩擦力也越大。这两种应力与凹模锥角具体数值的关系，如图 6-3 所示。此外，由于坯料纤维方向的变化而引起的附加拉拔力与式（6-1）中末项数值相当。所

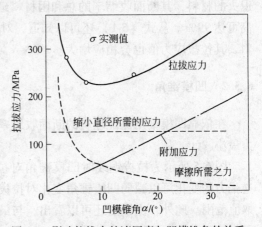

图 6-3 影响拉拔力的诸因素与凹模锥角的关系

以，就像图 6-3 中所示的那样，当锥角 α 为某一数值时，所需的总拉拔力最小。

与轧制时相同，拉拔加工时也可以施加与拉拔方向相反的拉力，以减小来自模壁的压力 P。这一拉力称为逆张力。

6.3 影响拉拔力的各种因素

由式（6-1）可知，由于受到各种因素的影响，拉拔力的变化幅度很大。其中主要的影响因素有坯料材质、断面收缩率、模具形状、润滑与拉拔速度等，现分别进行初步探讨。

6.3.1 断面收缩率

断面收缩率表示方法为 $\left[(A_0 - A) / A_0 \right]$ $\times 100\%$，拉拔加工中常用来衡量坯料断面的收缩率。图 6-4 所示为用各种锥角的凹模拉拔黄铜线材时求得的拉拔应力与断面收缩率的关系。显然拉拔应力有随断面收缩率的增加而增大的趋势。

增加一次拉拔时的断面收缩率，可减少拉拔次数。但坯料内部的拉拔应力也随之增大。拉拔应力超过了材料的强度极限，材料就会破断。因此无逆张力时，要根据材料的强度来决定拉拔时的断面收缩率。拉拔时材料的内应力不应大于其抗拉强度极限的 90%。一次拉拔时的断面收缩率通常为：软钢线材 28% ~ 35%，硬钢线材 20% ~ 25%，

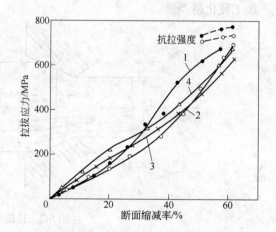

图 6-4 拉拔时应力与断面收缩率的关系
1—α（凹模锥角）= 4°；2—α（凹模锥角）= 8°；
3—α（凹模锥角）= 16°；4—α（凹模锥角）= 32°

钢琴丝 10% ~ 15%，非铁金属 15% ~ 30% 左右，钢管拉拔 15% ~ 20%。对于不进行中间退火的材料，其断面收缩率的总和因材料延展性而异，一般为 70% ~ 90%，铜线拉拔时最高可达 99%。从式（6-1）还可以知道，对于变形抗力大的材料及加工硬化倾向严重的材料，其拉拔应力值也会相应增大。

6.3.2 凹模锥角

在依靠凹模锥角保证坯料的断面收缩率时，在锥角的某一取值范围内，材料的拉拔应力最小。

图 6-5 所示为拉拔铜线时凹模锥角对拉拔应力的影响实测值。从图 6-5 中可以看出，逆张力的变化可以减弱凹模锥角变化对拉拔应力的影响，从而扩大拉拔时凹模锥角的最佳取值范围。此外，由该图还可以看出，与最小拉拔力所对应的凹模锥角的最佳值，有随断面收缩率的增大而增大的趋势。

6.3.3　逆张力

对未进入凹模模腔的那部分坯料施加与移动方向相反的张力（逆张力）时，这部分材料上所受的总拉拔力肯定会增加。然而，若从总拉拔力中减去逆张力，得到的单纯拉拔力（作用于凹模的轴向力）却明显减小。图6-6所示为附加逆张力拉拔时，逆张力对总拉拔力及作用于模具的轴向力的影响示意图。首先，有逆张力时，作用于模壁的压力 p 有所减少，拉拔产品精度提高。其次，摩擦力 μp 也随之减少。使能耗减少、模具工作温度降低，模具寿命因之提高。最后，逆张力使拉拔时坯料内外部变形更加均匀，产品质量更加优良。由此可知，拉拔时应考虑采用逆张力。

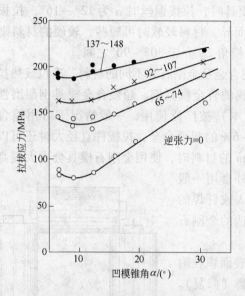

图6-5　拉拔铜线时凹模锥角对拉拔应力的影响实测值
（材料为电解铜（退火态）；拉拔速度为
60mm/min；润滑剂为机械油）

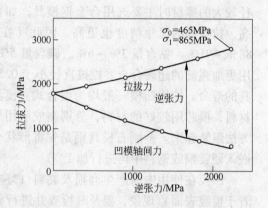

图6-6　逆张力对拉拔力的影响
σ_0—切向应力；σ_1—轴向应力

6.3.4　拉拔速度

从式（6-1）可以看出，即使拉拔速度在相当大的范围内变化，拉拔力也基本保持不变。但是，拉拔速度过大，单位时间内凹模的工作量增加，润滑也更为困难。这些不利因素会导致拉拔力增加，因此，拉拔较硬或截面尺寸较大的线材时，必须采用低速。特别是以利用拉拔形变强化提高材料强度为主要目的时，更需注意线材因温度上升而出现软化的现象。

6.4　影响拉拔操作的主要因素

6.4.1　凹模

凹模是影响拉拔加工的最主要因素。拉拔用凹模有孔式与辊式两种，图6-7所示为孔

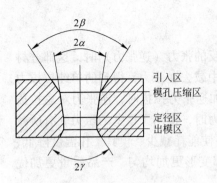

图 6-7　孔式凹模断面图

式凹模断面图。模腔各部分名称，如图 6-7 所示。工作时变形主要集中在模孔压缩区，该区断面形状有直线和曲线两种。其中曲线形状的又称圆弧凹模，是常用的一种。通常将断面形状为直线的称为直线形凹模（或圆锥形凹模），断面形状为曲线的称为曲线形凹模（主要尺寸为顶角 2α 与曲率半径 R）。

对较硬材料进行断面收缩量小的拉拔时，常用 α 角较小或曲率半径 R 较大的模具，进行大变形量拉拔的软材料则常用 α 角较大、R 较小的模具。例如使用超硬合金模具时，拉拔铜丝时 α 为 12°～16°，拉拔铝或银时，α 为 15°～18°。定径区长度因材质而异。材料较软时可短些，较硬的材料则需要较长的定径带。引入角 2β 通常取 60°，出模角 2γ 介于 30°～90° 之间。

根据用途，模具工作部分可选用钢、超硬合金及金刚石等不同的材料。冷拉或热拉直径较大的棒材时主要选用合金钢模具，如含钨的合金模具钢。超硬合金模具钢耐磨性更高，拉拔件的尺寸精度也更高。因此（在日本）被广泛使用，一般情况下可用钨含量 88%～91%、钴含量 3%～6%、碳含量 5%～6% 的超硬合金，拉拔件直径大时还可以选用更加强韧的超硬合金。拉拔直径小于 0.5mm 的材料时，使用金刚石模具会大大提高模具的寿命。拉拔凹模一般均为组合式。模具外套用一般材料，模芯用较好的材料，分别制成后用压入或钎焊的方法组装起来。金刚石模具则是先将形状合适的金刚石嵌入硬黄铜或钢料中再进行加工。

凹模在使用中易产生磨损及黏料（坯料表面颗粒附着于模腔表面）现象，要及时检查并进行研磨（修复）。磨损量过大时，若能满足使用要求，可将凹模重新加工成直径更大的拉拔模具（翻新）。

辐式拉拔模简图，如图 6-8 所示。它由 4 根辐轮构成一个矩形模腔，辐轮无驱动力。一般称为互成直角的 4 辊拉拔模（turks bead），常用于拉拔矩形断面的线材。

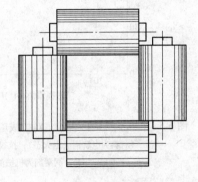

图 6-8　辐式拉拔模简图

6.4.2　润滑

使用合适的润滑方式是保证拉拔质量的重要因素。拉拔用润滑剂必须满足下列要求：在拉拔中承受来自模腔的高压时仍能保证形成连续的润滑膜，保证良好的润滑效果；因剧烈摩擦使模具温度升高时，仍然保持润滑能力；使拉拔零件仍保持原有的光泽，不腐蚀拉拔零件，不改变拉拔零件的本色；来源广、成本低、易操作。

润滑方式有干式与湿式两种。钢丝、不锈钢丝、镍丝及其合金线材绝大多数采用干式润滑，只有在直径很细时或拉拔棒材时才考虑选用湿式润滑。拉拔铜及铜合金、铝及铝合金时采用湿式润滑。

干式润滑方式是将坯料浸过石灰、食盐、硼砂的水溶液后进行干燥，然后再涂敷肥皂粉或粉末状润滑剂。为使润滑效果更佳，还可以使用能使坯料表面形成磷化膜的金属型润滑剂。湿式润滑剂有拉拔钢丝或铜合金线材时常用的植物油＋皂粉的乳剂，还有铝合金拉拔时常用的气缸油或矿物油＋皂粉的乳剂。生产中常采用强制润滑拉拔法的强制供油方式，以便降低拉拔力，提高模具寿命。采用干式润滑时，润滑剂涂敷完毕后即可直接进行拉拔。在某些特殊情况下，也可以先在钢或不锈钢坯料上覆一层铜或铅之类的软金属，再进行拉拔。

6.4.3 压尖

拉拔之前，应保证坯料的一端能顺利穿过凹模孔，用拉拔加力装置的夹头将其夹牢，否则无法拉拔。因此需要先把坯料的一端加工成较小的断面，这就是压尖。压尖时可采用切削或腐蚀的方法，挤压成形或轧制成形等塑性加工方法的加工硬化作用则可以使尖端处金属具有更高的抗拉强度。尖端部分金属的抗拉强度对单次拉拔断面收缩率的大小有直接的影响，是拉拔操作的重要因素之一。

6.4.4 钢丝的制造过程

制造钢丝常用材料的种类及特性见表6-1。材质不同，工艺也存在一定程度的差异，生产中，需要对以下几个方面进行适当的处理：

（1）用热轧方式生产的线材要盘成卷状，每卷重量为80～320kg左右。

（2）软钢丝要退火处理，硬钢丝可采用900℃保温＋（400～550）℃盐浴热处理或钢丝韧化处理（铅浴退火），将钢材的珠光体组织变为索氏体组织等，降低后续冷加工的难度。

（3）热处理后材料表面会生成又脆又硬的氧化皮。拉拔时氧化皮会划伤模腔、加速模腔的磨损，也会划伤线材。因此，要在百分浓度为5%～10%的盐酸液中或加热到60～70℃的、百分浓度为3%～5%的稀硫酸液中酸洗，以去掉材料表面的氧化皮。

（4）酸洗后，用清水冲洗后放入百分浓度为3%～15%的沸腾石灰水中将酸中和再进行干燥，此时生成的石灰膜可以起到润滑剂的作用。

（5）用凹模孔径略小于坯料直径的凹模反复进行拉拔，拉拔的断面缩减率应依次逐渐减小。总断面缩减率达到一定值后，要进行钢丝韧化处理再继续拉拔。拉拔极细的硬韧性时，一般累积总断面缩减率不大于80%～85%。例如用直径5.5mm、碳的质量分数为0.7%的钢丝拉拔钢琴弦时，按5.5mm→4.5mm→3.8mm→3.4mm（钢丝韧化处理）→2.9mm→2.4mm→2.1mm→1.8mm的工艺顺序进行拉拔，逐步减小钢丝直径。

表6-1 制造钢丝常用材料的种类及特性

类 别	碳的质量分数/%	抗拉强度/MPa	退火后抗拉强度/MPa
超软钢丝	0.05～0.15	50～100	30～50
软钢丝	0.20～0.40	80～140	60～110
硬钢丝	0.50～0.85	140～200	120～180
高碳软质钢丝	0.70～1.30	100～160	

用超硬合金凹模拉拔弹簧钢琴丝弦时的尺寸公差，见表6-2。

表6-2　钢琴丝弦的尺寸公差

丝线直径/mm	允许误差/mm	直径偏差/mm
<0.18	±0.005	
0.18~0.45	±0.010	<0.010
0.45~1.80	±0.015	<0.015
1.80~3.20	±0.020	<0.020
>3.20	±0.030	<0.030

6.4.5　铜线材的拉拔工艺过程

铜线材的拉拔工艺过程为：

（1）用反射炉熔化电解铜并铸成纯度（质量分数）为99.95%的拉拔用铜锭，热轧成直径为6~12mm的线材。

（2）用稀硫酸液酸洗，清除热轧时铜线表面生成的黑色氧化皮，然后用温水洗净并烘干。

（3）采用适当的润滑剂进行拉拔。一般单次拉拔的断面收缩率为20%~35%。由于铜具有很强的延展性，即使不采用中间退火，也可以进行多次拉拔，大幅度地减小断面积。铜线经拉拔后即成为硬铜线，硬铜线进行500℃退火后又变为软铜线。退火后的软铜线拉拔后总断面积的缩减量越大，其抗拉强度就越高，伸长率就越小。

6.5　拉　拔　机　械

断面积较大的棒材或管材使用拉拔机进行拉拔。断面积较小，能盘成卷状的细线材则利用拉拔机拉拔。

拉拔机简图如图6-9所示。凹模固定架与链传动拉拔装置均设置在工作台面上。拉拔车可沿刚度较高的机架上的轨道左右行走。拉拔车上有自锁装置，它可以保证夹头牢固地夹持轧夹，同时在链条带动下移动，完成拉拔动作。电动机通过减速器和链轮驱动链条。链条运动速度一般为10~20m/min，较快的可达到30~50m/min左右。凹模后面还设有芯棒支撑架，拔管时可用来固定装有芯棒的支撑杆。

拉拔机的常见形式及结构简图如图6-10所示。由图6-10（a）可知，拉拔机主要由传递拉拔力的卷筒（滚筒）及凹模固定架构部分组成，可分为单式和连续式两大类。单式拉丝机只有一只凹模，坯料拉拔一次后直接在卷筒上卷成盘材。卷筒轴垂直于工作台面的称为纵向式（见图6-10（b）），与台面平行的称为横向式（见图6-10（c））。较先进的还有多头式（见图6-10（d）），由一台电动机带动两只以上的滚筒，可同时拉拔两根以上的钢丝。单式拉拔机适用于拉拔直径为2~15mm的较粗的线材，拉拔速度为20~130m/min，属于低、中速拉拔。

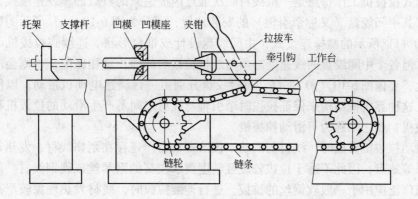

图 6-9　拉拔机形式示例

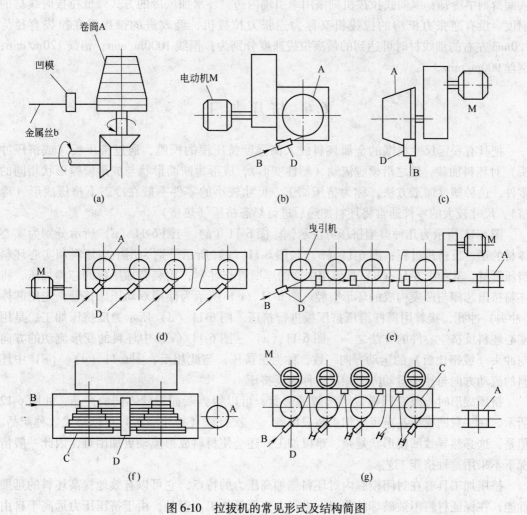

(a)　　　　　　　　　(b)　　　　　　　　(c)

(d)　　　　　　　　　　　(e)

(f)　　　　　　　　　　　(g)

图 6-10　拉拔机的常见形式及结构简图

（a）拉丝机基本构造；（b）纵排单头；（c）横排单头；（d）纵向多头；（e）纵排连续式；

（f）横排连续式；（g）无滑动多次拉丝机

M—电动机；A—卷筒；B—金属丝；C—曳引机；D—导向轮

连续式拉拔机工作特点是一根线材顺次通过内径递减的数只凹模，连续拉拔后卷成盘材。根据其中间绞盘（又称牵引辊）的安装位置，可分为图6-10（e）所示的纵排连续式及图6-10（f）所示的横排连续式，中间绞盘设计成锥台形状。连续式拉拔机可实现高速度拉丝，但各个中间绞盘的线速度必须与线材拉拔后的伸长量相匹配，否则会产生滑动现象。为此，要像图6-10（g）那样，每台绞盘分别由一台调速电动机带动，以便随时调整其速度。这种靠机械结构来保证拉拔时牵引辊与线材之间不产生滑动的拉拔机称为无滑动多次拉拔机，反之则称为可滑动拉拔机。

可滑动拉拔机拉拔时，线材的滑动不仅浪费动力，还存在划伤线材、发热、难以保证润滑效果等缺点，因此不适于拉拔较硬且精度要求较高的钢琴丝或硬钢线材。然而，这种方法可以广泛应用于一般软钢丝的拉拔。进行连续拉拔时，线材发热现象较严重，可能会影响精拉拔线材的质量，必须采取冷却措施。对于横向式拉拔机，可将中间牵引辊下部浸入润滑剂中冷却；纵向式拉拔机则采用牵引辊内通循环水加风冷的方式降低拉拔时线材的温度。设有逆张力机构的拉拔机又称为逆张力拉拔机，经改进的拉拔机在拉拔直径为1.0mm左右的细线材时可达到的最高拉拔速度分别为：铜线1000m/min；铝线120m/min；钢丝900m/min。

6.6 挤压加工

把具有一定尺寸精度的金属坯料放入高强度挤压模的模膛，通过挤压板（或挤压冲头）对坯料加载，使之沿模膛流动（塑性变形），成形为断面形状与成形模膛形状相同的零件，这种塑性加工方法，称为挤压加工。尺寸较小的零件一般在冷态下挤压成形（冷挤），尺寸较大的零件通常将坯料加热后进行热态挤压（热挤）。

图6-11所示为几种典型挤压方法示例。图6-11（a）与图6-11（e）所示分别为实心棒材的正、反挤压过程；图6-11（b）与图6-11（c）所示分别为用中空坯料和实心坯料挤压管材。其中图6-11（b）是使用中空的厚壁管作坯料，用装有加压板的芯棒加压，将坯料挤出芯棒与凹模构成的环形空腔。图6-11（c）所示为使用双动压床挤管，先用芯棒（冲头）冲孔，接着用顶杆推压挤压板进行挤压。图6-11（d）所示为反挤压加工，是用实心坯料反挤空心件的方法之一。图6-11（a）～图6-11（c）中坯料的变形流动的方向与冲头（或挤比板）的运动方向一致，称为正挤压；与此相反，图6-11（d）、（e）中坯料的流动方向与冲头运动方向相反，称为反挤压。

挤压成形时，改变凹模成形模膛的形状，可以得到断面形状不同的产品，如图6-12所示。在一只凹模上甚至可以加工数只模膛，一次行程（挤压一次）可以挤成数种产品。但是，这必然导致凹模形状复杂、难以加工，还会使材料成形流动更加困难，因此一般情况下不采用这种挤压工艺。

挤压加工具有在封闭模膛内对坯料施加高压力的特点，它可以有效地提高坯料的延展性能，在保证材料不被破坏的前提下进行大变形量加工。但是，由于挤压压力远高于自由锻造或轧制所需压力，挤压时容易出现模具的磨损、塑性变形甚至破裂现象，模具寿命较低。生产形状简单、批量大的产品时，用轧制方法更为合理。挤压加工仅适用于生产形状复杂、不能用轧制方法制造的零件，以及批量不大的非铁金属（或合金）管、棒及型材。

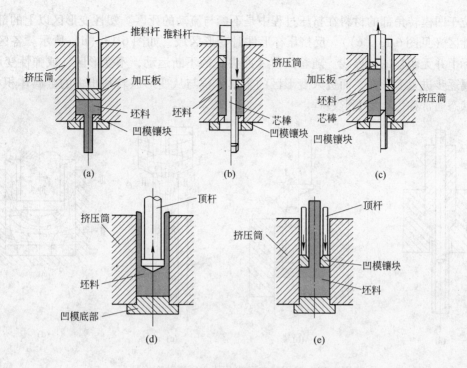

图 6-11 常见挤压方法示例

（a）实心坯料正挤；（b）空心坯料正挤；（c）实心坯料复合挤；（d）筒形件反挤；（e）实心坯料反挤

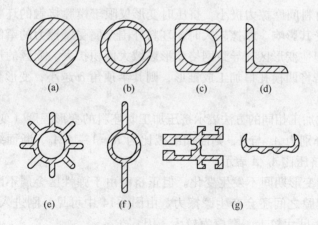

图 6-12 挤压产品的几种断面形状

6.7 挤压时材料的流动与挤压力

通常用网格法观察挤压坯料的塑性流动情况。沿纵轴线将坯料一分为二，在一个剖分面（平面）上刻上尺寸相等的矩形网格，再用低熔点合金将剖分面黏合在一起。挤压后取出试件，观察剖分面上网格的变形情况，即可总结出挤压时坯料的流动状态（见图 6-13（c）和图 6-13（d））。由图 6-13 可知，材料与模膛间摩擦条件对网格的变形有很大影响。挤压高坯料时，材料的变形集中在凹模孔附近的某一区域内，这一变形区称为塑性变形区。位于凹模转角部的材料在挤压过程中是不参与流动的死区。塑性变形区以上的部分称为弹性区（见图6-13（c））。反挤压杯形件时变形区域，如图6-13（d）所示。各区域之间实际上并无明显的分界线。随着凸模（冲头）的不断运动，不变形区（或弹性变形区）的金属逐步进入变形区，而进入变形区的金属体积与从变形区转移出去的金属体积相等。这种状态通常称为稳定变形过程。

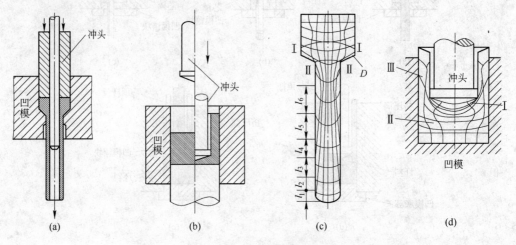

图 6-13   挤压基本形式及其金属流动变形情况
(a)，(b) 正挤压空心件与反挤压杯形件；(c)，(d) 挤压变形区域分布示例

如果模膛与材料间摩擦力极小，挤压时变形仅限于模膛接触的坯料表层部分，坯料中心部分基本不受其影响。摩擦较大时，坯料外围金属受摩擦力的牵制作用，使中心的金属更早地流入塑性变形区，导致网格变形区域大面积扩大。死区的形成也与摩擦力的大小密切相关。若将凹模孔口加工成锥形，则其半顶角 α 越小，变形越均匀，死区也越难形成。

可采用与拉拔加工相同的方法表示挤压加工时坯料的变形程度（变形率）。设挤压前后坯料横截面积分别为 A_0 与 A，则断面缩减比为 $R = 1 - A/A_0$，断面缩减率为 $\varepsilon_A = R \times 100\%$。也可以用挤压比 A_0/A 表示。

挤压力在稳定变形期间不发生变化。但正挤时由于弹性区金属不断向凹模口方向流动，毛坯表面勺模膛之间还会产生摩擦力。由图6-14中可见，刚进入稳定变形阶段时，被挤压的毛坯长度尺寸较大，摩擦力较大，因而挤压力也增大；随着坯料长度的逐渐减小，挤压力也逐渐下降，加工终了时挤压力则再次呈急剧增大的趋势。因此，在合理的尺寸范围内，坯料的长度越短，最初挤压力就越小。

反挤时非变形区的金属不会在模膛中移动，所以挤压时力的变化幅度很小。造成加工终了前挤压力上升的原因是挤压将结束时，加压板（或冲头）与凹模底面间隔很短，这时加压板与材料间摩擦力增大，使总的挤压力急骤升高。

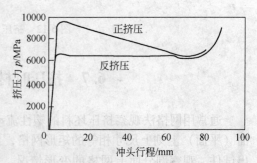

图 6-14   铝的挤压力与行程的关系
（450℃，挤压速度为 5mm/min）

为了消除这一不利因素，通常在挤压力开始升高时（到达最小压余厚度时）即停止挤压，尚未成形的端部可当作挤压余块处理。

挤压时坯料的断面缩减率越大，材料的变形抗力就越大。挤压圆形截面或其他截面形状较简单的制件时，材料的单位面积所需挤压力（MPa）为：

$$p = C\sigma_s \ln \ (A_0/A) \tag{6-2}$$

式中　σ_s——被挤压材料的屈服应力；

　　　　C——挤压力常数；

　　　　A_0——挤压前坯料横截面积；

　　　　A——挤压后坯料横截面积；

　　A_0/A——挤压比。

式（6-2）中，C 的取值范围为 1.5~4，由模腔孔口形状、数量、孔底锥角（半角）α、工作刃带的长度、摩擦系数等确定。断面缩减比相同时，型腔孔口周边长度与断面积之比越大，或型腔孔口数目越多，所需的挤压压力越高。

孔底锥角 2α 对挤压力的影响与拉拔时相似。2α 越小，材料变形越均匀，所需变形功就越少。但 2α 过量减小会使材料、模腔接触面积增大，导致摩擦力增加。设计时要综合这两个方面的影响，找出使挤压力最小的最佳 α 值。α 值介于 45°~60° 之间。反挤杯形件时也会遇到这样的问题，此时若将冲头前端制成圆锥形即会产生同样的效果。能保证反挤杯形件时挤压力最小的冲头锥形半顶角 α 值介于 75°~85° 之间。

6.8 热 挤 压

挤压成形体积较大或形状非常复杂的制品时，应采用热挤压方法，还可以利用热挤压变形时的高压力及热态金属的良好塑性，进行大挤压比热挤压，以消除用轧制方法不能彻底改善的某些合金铸锭的铸态组织。

一些材料的挤压条件、产品及用途见表 6-3。在一般情况下热挤压时温度越低，挤压速度越快，挤压力越大，但也有一些例外情况需要注意。挤压时坯料表面缺陷的影响如图 6-15 所示。图 6-15 中曲线表明，挤压速度过慢时，坯料温降严重，反而会导致挤压力上升，还会产生产品两端性质不均匀的现象。与此相反，挤压铝、镁等合金时，挤压速度过快，会因变形剧烈、摩擦力增大等原因，产生大量的热量，使坯料温度上升或引起制品表面龟裂。

表 6-3　一些材料的挤压条件、产品及用途

材　料	挤压温度/℃	挤压速度 /m·min^{-1}	平均挤压力 /MPa	主要用途
钢及特殊钢	1000~1200	360	40~120	锅炉高压管、热交换器管、化工机械用管、喷气机零件等
铜及铜合金	625~900	6~150 管材<300	20~85	冷凝器、热交换器用管、管接头等
铝及铝合金	375~500	1.5~90	32~105	房屋、车辆、船舶构件及装饰材料等

材　料	挤压温度/℃	挤压速度 /m·min^{-1}	平均挤压力 /MPa	主要用途
镁及镁合金	325 ~ 425	0.6 ~ 4	28 ~ 42	飞机骨架材料、干电池箱
锌及锌合金	250 ~ 350	2 ~ 25	70 ~ 85	水导管、电器触点等
锡及锡合金	<65	3 ~ 9	28 ~ 70	锡管、焊锡丝
铅及铅合金	175 ~ 225	66 ~ 0	28 ~ 63	电缆线皮、铅管

　　氧化皮对热挤件质量的影响也不容忽视。热挤时未被清除的氧化皮积聚在模膛死角内，挤压时随金属表面流出，影响产品质量；或嵌入产品内部，导致制品报废。坯料表面的凹坑较深时，挤压易形成折叠，也会带来上述影响。例如图 6-16（a）中，由于模膛表面摩擦力的作用，带有折叠等缺陷的坯料表层积累在变形区域内模膛一侧，并随金属一起流出模孔时，会发生这种现象。这种现象在反挤时更为常见。由于反挤压还具有模具复杂等特点，所以热挤时一般均采用正挤的方法。正挤时坯料表面与模膛之间摩擦力过大时，带有缺陷的表层金属常常积聚在加压板前面，变形时会挤入制件内部，如图 6-16（b）所示。为防止这类缺陷的产生，必须在挤压前彻底清除氧化皮（最好是不使其产生）；挤压时要使用合适的润滑剂；还可以选用略小于模膛内径的加压板，以便于挤压时将坯料表层金属留在模膛内。这种方法称为剥皮。

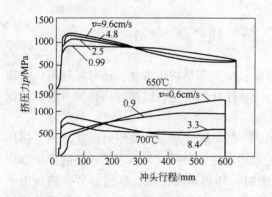

图 6-15　挤压时坯料表面缺陷的影响

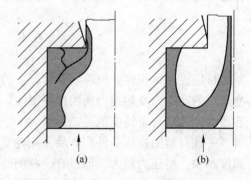

图 6-16　挤压件常见缺陷
（a）坯料表面缺陷挤入工件形成的折叠；
（b）坯料底部缺陷形成的折叠

　　热挤中空制品时，可以用中空坯料直接进行，也可以用图 6-11（a）所示的方法，对实心坯料进行穿孔挤压。挤压铝及铝合金型材时，还可以采用图 6-17 所示的单梁舌形模，金属先由舌形模芯尾部分离，再沿舌形模芯与凹模工作部分构成的狭缝中流出。

　　热挤铅、锌、铝及其合金一般不使用润滑剂。铜及铜合金主要使用石墨与油脂混合的润滑剂。钢、镍、钛主要使用玻璃润滑剂。用玻璃润滑剂热挤压硬材料的方法称为仁恩-赛茹内尔玻璃润滑高速挤压法，是在坯料表面涂敷玻璃粉后加热（或加热后涂敷玻璃粉），高温熔融状态的玻璃粉具有很大的黏性，能起到有效的润滑作用。另外，由于玻璃的传热率低，既可以阻碍坯料温度下降，又能避免模膛温度升高。因此这种润滑方法不仅提高了模具寿命，也扩大了模具的高温适应性。

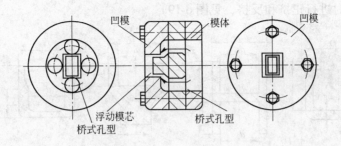

图 6-17 单梁舌形模示意图

为满足工艺要求，热挤压设备要能够在较长的工作行程中持续保持大的挤压力，同时要具有较好的速度调控性能。常用的热挤压机有拉力肘杆式挤压机、肘杆式挤压机和液压机等，如图 6-18 所示，如挤压用液压机的吨位为 10000～150000kN 之间，多采用卧式挤压（坯料水平放置，见图 6-18（b）），挤压长度较短的制件（如管件）时，也可以采用立式挤压机。

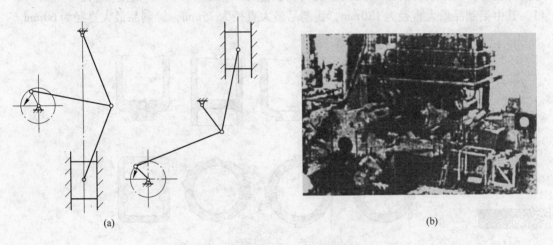

(a)   (b)

图 6-18 挤压用压力机及机构示例
（a）肘杆式挤压机工作原理；（b）32500kN 液压机（挤压机）

6.9 冷 挤 压

从 1830 年前后挤压锡、铅管件开始，人类始终不渝地坚持着常温下挤压金属（冷挤压）的研究。挤压设备、模具材质及润滑技术不断改进。目前。除高碳钢、高合金钢、镍钢、钴合金及钛合金之外，大多数金属材料都可以用冷挤压技术进行生产性加工。冷挤压制品形状也从简单的环形发展到截面形状较为复杂的电动机、汽车、照相机、缝纫机及仪器的零件。

影响冷挤压时材料流动及挤压力的各种因素与热挤压的因素并无本质上的差别。但是，由于冷挤压所用坯料主要是从棒材或板材中截取的短坯料，挤压时坯料沿轴向流动量相对较小，多数情况下为非稳定变形。这表明冷挤压不仅适用于正挤压和反挤压，也适用于复合挤压（同时进行正挤和反挤，见图6-19）。

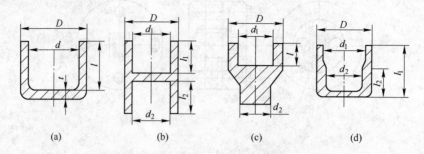

图6-19   冷挤压件及其合理的尺寸比例

(a) $d \leq 0.86D$，$t \geq d/5$，$l \leq 3d$；(b) $d_1 \leq 0.86D$，$d_2 \leq 0.86D$，$l_1 \leq 3d_1$，$l_2 \leq 3d_2$；

(c) $d_1 \leq 0.86D$，$d_2 \leq 0.4D$，$l \leq 3d_1$；(d) $d_1 \leq 0.86D$，$l_1 \leq 3d_1$，$l_2 \leq 3d_2$

如图6-20所示，冷挤壁厚远小于外径的制品时，其变形过程具有冲孔和反挤的双重工艺特性。这种冷挤方法也被称为冲击挤压加工法。这种方法主要用于将非铁金属板材成形为薄壁件，如铝或锌制品最大成形能力为：壁厚：外径 = 1：100；高度：直径 = （6～7）：1。其中铝制品最大直径为130mm，锡制品最大直径为75mm，锌制品最大直径为60mm。

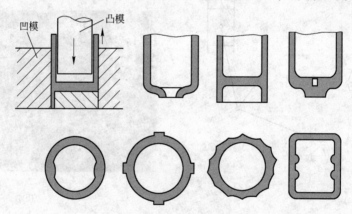

图6-20   用冲剂加工方式加工的产品示例

冷挤时挤压力非常高，反挤碳含量为0.1%的软钢时，挤压力可达2000MPa以上。因此冷挤压模具一定要具有高强度，必要时，可采用图6-21所示的三层组合凹模形式，即用热套或压入法将各层顺序地套在一起，使凹模模膛具有一定预压力，以提高模具的承载能力和使用寿命。同时模腔边、角等过渡部分要采用较大的圆弧过渡形式，避免模具因应力集中而破坏。此外，制品的变形量、尺寸等也应限制在某一范围之内，如软钢一次挤压时断面缩减率应小于80%，筒形件正挤压时高度、外径比应小于4等，设计时可参阅有关资料。加上速度对变形力的影响因材料而异，挤压锌、铅等低熔点材料时，随着加工速度的提高，变形抗力增高，因而加工压力急剧增加；高熔点金属加工速度越高时加工压力越低，断面收缩量越大，挤压力降低的幅度越大。造成这种现象的原因主要是变形程度大时，坯料温度升高，使变形抗力有所下降，同时高速变形时的润滑效果较好（见图6-22）。润滑效果对冷挤压加工有非常大的影响。良好的润滑状态有助于改善模具的受力状态，减少模具的磨损，提高产品的表面质量。挤压非铁金属时，常用的润滑剂有羊毛脂、猪油等动物油，豆油、蓖麻油等植物油，以及矿物油、乳化油、石墨、二硫化钼等。钢坯冷挤压时，可以采用磷化＋皂化的方法，也可以在挤压前将润滑剂封入预先在坯料端面上制成的微小凹陷中，还可以用静液挤压的方法。

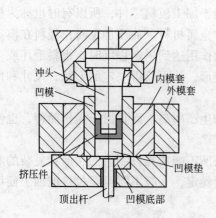

图 6-21　钢的反挤压模具

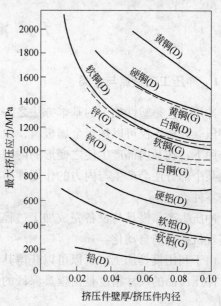

图 6-22　几种材料反挤筒件时的加工力
（D、G 分布表示低、高速挤压，
挤压件外径 13.5mm，坯料厚度 5.0mm）

复习思考题

6-1　什么是拉拔工艺，什么是挤压工艺？

6-2　影响拉拔操作的主要因素有哪些？

6-3　影响拉拔力的因素有哪些？

6-4　汇总拉拔机种类及其特征。

6-5　总结正挤、反挤的工艺特征，并进行比较。

7 冲压生产工艺

7.1 冲压工艺概况

7.1.1 冲压工艺特点与分类

冲压工艺是塑性加工的基本方法之一。它主要用于加工板料零件，所以有时也称为板料冲压。冲压不仅可以加工金属板料，也可以加工非金属材料。冲压加工时，板料在模具的作用下，在其内部产生使之变形的内力。当内力的作用达到一定程度时，板料毛坯或毛坯的某个部分便会产生与内力的作用性质相对应的变形，从而获得一定的形状、尺寸和性能的零件。

冲压生产靠模具与设备完成加工过程，所以它的生产率高，而且由于操作简便，也便于实现机械化与自动化。

由于利用模具加工，所以可以获得其他加工方法所不能或难以制造的、形状复杂的零件。冲压产品的尺寸精度是由模具保证的，所以质量稳定，一般不需再经过机械加工便可使用。

冲压加工一般不需要加热毛坯，也不像切削加工那样大量切削金属，所以它不但节能，而且节约金属。冲压产品的表面质量较好，用的原材料是冶金工厂大量生产的轧制板料或带料，在冲压过程中材料表面不受破坏。

因此，冲压工艺是一种产品质量较好、而且成本低的加工工艺。不但如此，用它生产的产品一般还具有重量轻且刚性好的特点。

由于以上特点，冲压工艺在航空、兵工、汽车、拖拉机、电机、电器、电子仪表以及日常生活用品的生产方面占据十分重要的地位。仅就航空方面而论，航空喷气发动机上的整流罩、压气机后机匣、尾喷管等都是用冲压工艺加工的。现代各先进工业国家的冲压生产都是十分发达的。在我国实现现代化的过程中，冲压生产占有重要的地位。

我们祖先早在青铜器时期已经发现金属具有锤击变形的性能。可以肯定，中国劳动人民远在两千三百多年以前已经掌握了锤击金属以制造兵器和工具的技术。因为钢铁板料在冷态下进行塑性加工需要很大的力和功，冷压钢铁的技术在古代是不可能广泛使用的。当人们发现金、银、铜等金属塑性较好，变形时需力不大时，锤击压制技术迅速向金、银、铜的装饰品和日用品范围发展。在陕西省博物馆中陈列的一个汉代（公元前 206～公元 220 年）的量器，厚度约 2mm，制作精美，花纹细致，就在今天看来，也算是一个精制品，充分显示了我国古代劳动人民高度精巧的手工艺技术水平。

由于冲压加工的零件形状、尺寸、精度要求、批量大小、原材料性能的不同，当前在生产中所采用的冲压工艺方法也是多种多样的。但是，概括起来，可以分为分离工序与成形工序两大类。分离工序的目的是在冲压过程中使冲压件与板料沿一定的轮廓线相互分离，同时，冲压件分离断面的质量，也要满足一定的要求。成形工序的目的，是使冲压毛坯在不破坏的条件下发生塑性变形，并转化成所要求的成品形状，同时也应满足尺寸精度方面的要求。

主要分离工序和成形工序见表 7-1 与表 7-2。

表 7-1　主要的分离工序

工序名称	简　图	特　点
剪切	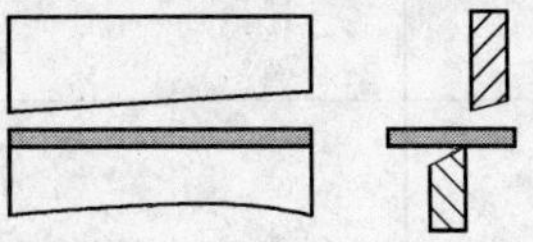	将板料剪成条料或块料
冲裁	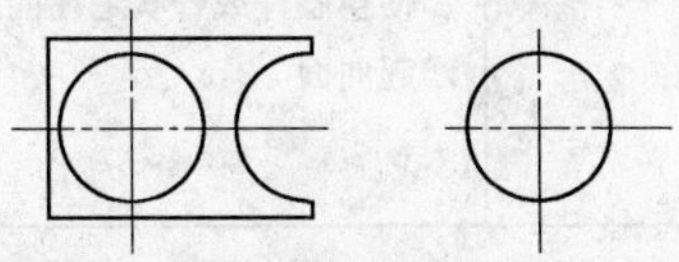	用冲模沿封闭轮廓曲线冲切
切口	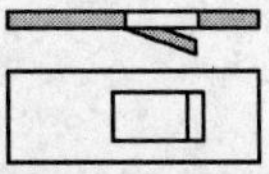	用冲模将板料冲切成部分分离，但未完全分开
切边	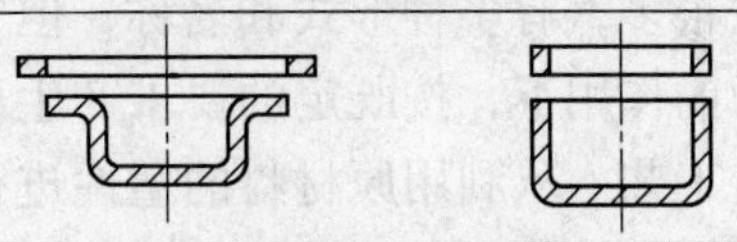	将成形零件的边缘修切整齐或切成一定形状
剖切	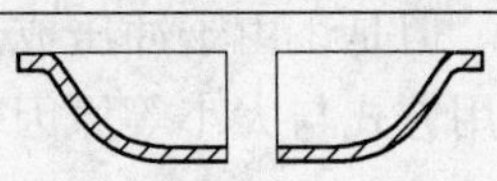	将冲压成形的半成品切开成为两个或数个零件
整修	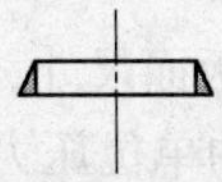	将冲裁成的零件的断面整修垂直和光洁

表 7-2　主要的成形工序

工序名称	简　图	特　点
弯曲	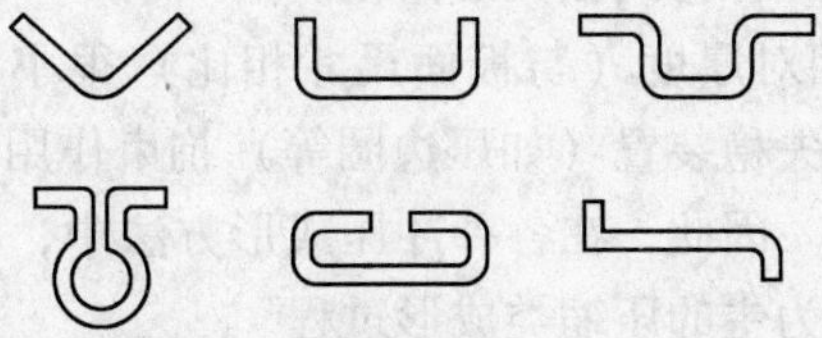	将板料沿直线弯成各种形状
卷圆	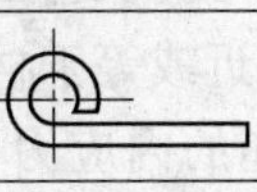	把板料端头卷成接近封闭的圆头
拉延	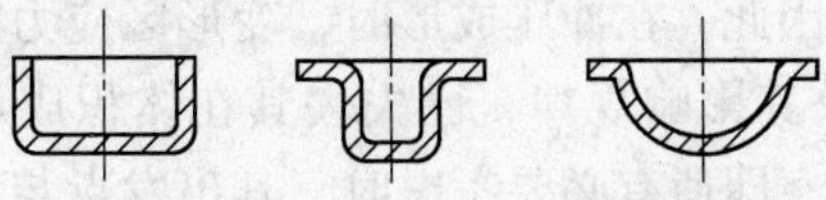	把板料毛坯冲制成各种空心的零件
变薄拉延		把拉延或反挤所得的空心半成品进一步加工成为侧壁厚度小于底部厚度的零件
翻边		在预先冲孔的板料上冲制竖直的边缘

工序名称	简　图	特　点
局部成形		在板料或零件的表面上制成各种形状的凸起或凹陷
胀形		使空心件或管状毛坯向外扩张，胀出所需的凸起曲面

7.1.2　冲压变形的特点

　　在生产实践中应用的冲压成形工艺方法很多，有多种形式和名称，但它们在本质上是相同的，都是使平面形状的板料毛坯，在力的作用下，按既定的要求产生不可恢复的塑性变形，从而完成一定形状与精度零件的制造工艺。从利用原材料的塑性进行加工这个基本原则看，它和其他所有的塑性加工方法是一样的。但是，由于冲压成形中的毛坯是厚度远小于板平面尺寸的板料，以及由此决定的外力作用方式与大小等原因，致使冲压成形具有如下几个非常突出的特点：

　　（1）由于冲压成形中的板料毛坯厚度远小于它的板面尺寸，模具对毛坯的作用力一般作用于板料的表面，而且数值不大的垂直于板面方向的单位压力，即可引起在板面方向上数值足以使板材产生塑性变形的内应力。由于垂直于板面方向上的单位压力的数值远小于板面方向上的内应力，所以大多数的冲压变形都可以近似地当作平面应力状态来处理，使变形力学的分析和工艺参数的计算等工作，都得到很大的简化。

　　（2）由于冲压成形用的板料毛坯的相对厚度（与板面尺寸相比）很小，在压应力作用下的抗失稳能力也很差，所以在没有抗失稳装置（如压边圈等）拘束作用的条件下，很难在自由状态下顺利地进行冲压成形过程。因此，在各种冲压成形方法中，以拉应力作用为主的伸长类冲压成形过程多于以压应力为主的压缩类成形过程。

　　（3）在冲压成形时，板料毛坯里的内应力数值接近或等于材料的屈服应力，有时甚至小于板料的屈服应力。而在模锻和挤压时，有时毛坯的内应力可能超过其屈服应力许多倍。在这一点上，两者的差别是很大的。因此，在冲压成形时，变形区应力状态中的静水压力成分对成形极限与变形抗力的影响及其影响规律，已失去其在体积成形时的重要程度。有些情况下，甚至可以完全不予考虑，即使有必要考虑时，其出发点与处理方法也不相同。

　　（4）在冲压成形时，模具对板料毛坯作用力所形成的拘束作用程度较轻，并不像体积成形（如模锻等）靠与制件形状完全相同的模腔对毛坯的全面接触面实现的强制成形。在冲压成形中，大多数情况下，板料毛坯都有某种程度的自由度，常常是只有一个表面与模具接触，而另侧表面是非接触的自由表面，甚至有时存在板料两表面都不与模具接触的变形部分。在这种情况下，这部分毛坯的变形是靠模具对其相邻部分施加的外力实现其控制作用的。例如球面与锥面零件成形时的悬空部分和管坯端部的翻边成形等都是这种情况。

由于冲压成形具有上述一些在变形与力学方面的特点，致使冲压技术也形成自己的一些与一般塑性加工不同的特点：

（1）由于不需要在板料毛坯的表面作用数值很大的单位压力即可使其成形，所以在冲压技术中关于模具强度与刚度的研究并不十分重要，相反地却发展了许多简易模具技术。由于相同的原因，也促使靠气体或液体压力成形的工艺方法得以发展。

（2）因冲压成形的应力应变状态为平面应力状态或更为单纯的应变状态（与体积成形相比），当前对冲压成形中毛坯的变形与极限变形参数等方面的研究较为深入，有条件运用合理的科学方法进行冲压加工。现在不仅采用合理设计的冲模工作部分几何形状与尺寸以控制冲压变形过程，以获得高质量冲压件的传统技术方法，而且运用压边力与变压边力对冲压变形的控制技术，甚至借助于电子计算机与当代的测试手段，在对板材性能与冲压变形参数进行适时测量与分析的基础上，实现冲压过程智能化控制的研究工作也在开展。

（3）人们在对冲压成形过程有了较为深入的了解后，已经认识到冲压成形与原材料有十分密切的关系。所以板材冲压性能即成形件与形状冻结性的研究，目前已成为冲压技术的一个重要内容。对板材冲压性能的研究工作不仅是冲压技术发展的需要，而且也促进了钢铁工业制造技术的发展，为提高板材的质量提供了一个基础与依据。

7.1.3 冲压变形的应力

在冲压成形过程中，板料毛坯形状的变化是由于模具的外作用力所引起毛坯各部分内应力作用的结果。因此，对冲压变形中各种应力的性质、特点、产生的原因、各种冲压成形因素（参数）对应力的影响、各种应力之间的相互影响关系，以及它们引起的变形结果等，都是实现对冲压变形过程的控制、获得高质量的冲压产品所必需的基础性的研究工作。

在塑性力学中，为了分析与计算工作的需要而建立的关于应力的理论与概念，如应力、法向应力、切向应力、正应力、主应力、斜面应力、八面体应力等，都具有普遍性的意义。当然这对冲压变形的分析与计算也是适用的。但是由于它是处理所有的塑性变形的一种共性方法，必然存在其针对性不足的问题。为了便于研究冲压过程中与变形有关的问题，有必要从冲压成形过程的特殊性出发，研究冲压成形过程中所出现的各种应力的特点、产生的原因及其对冲压成形过程与成形结果的影响等。这样，可从另一个侧面揭示冲压变形的一些特有的问题，使对冲压成形过程的认识得以深化。

从对冲压变形分析的需要出发，可以把冲压毛坯中的应力分为加载应力、诱发应力与残余应力三大类别。

加载应力是由模具作用于板料的外力或外力矩直接引起的内应力。加载应力的数值可以利用模具外作用力（或外力矩）与内应力相平衡的条件求得。在一般的情况下，当外作用力去除以后，加载应力也随之消失。加载应力可以作用于变形区，也可以作用于非变形区。加载应力可能是模具与板料毛坯的表面接触压力直接作用的结果，也可能经接触表面接受外力之后再由传力区把加载应力传递到变形区。

按照诱发应力产生的原因，可以把诱发应力分为下面几种情况：

（1）冲压毛坯变形区，在加载应力的作用下，会产生塑性变形，使毛坯的形状发生变化。如果这个形状的变化受到毛坯其他部分或其本身形状刚度的阻碍，而不能顺利地实现时，就会在毛坯内引起诱发应力。

图 7-1 所示为板料毛坯在弯曲变形时的应力分布，其中圆周方向上的应力是由外力矩的作用引起的加载应力。在中性层以外，圆周方向的应力是拉应力，它引起圆周方向上的伸长变形。根据体积不变条件，在其他两个垂直方向上一定产生压缩变形。同样道理，中性层以内的圆周方向上的压应力也一定会引起圆周方向上的压缩变形和另两个垂直方向上的伸长变形。这种在中性层两侧不同的变形使变形区产生横向弯曲变形的趋势，在宽度方向上发生如图 7-2 所示的翘曲。但是，事实上这种宽度方向上的翘曲变形受到毛坯两端直边部分和变形区本身形状刚度的阻碍，不能完全顺利地实现，于是毛坯内部在宽度方向上就会产生诱发应力（见图 7-3）。诱发应力是成对产生的，在中性层以外是拉应力，在中性层以内是压应力。

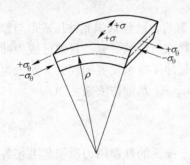 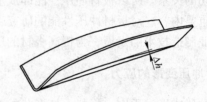

图 7-1　弯曲变形区的应力　　　　　　　图 7-2　长度大弯曲件的翘曲

（2）冲压成形时，毛坯的不均匀变形也会引起诱发应力，由于产生不均匀变形的原因不同，诱发应力的产生机理也不一样。

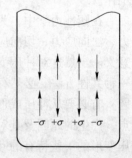

圆筒形零件的拉深，在一般情况下属于轴对称的塑性变形过程。但是，板材具有各向异性的不均匀性能，即使是圆筒形零件的拉深，也会在拉深过程中产生由不均匀变形引起的诱发应力，如图 7-3 所示。

在不均匀拉力作用于板料毛坯某个局部时，可以在板面内引起不均匀分布的拉应力以及由它引起的不均匀分布的伸长变形。根据塑性变形时体积不变的条件可知，必然在板面内引起数值大小不同的横向压缩变形（负的应变），其结果就会形成与拉应力方向相垂直的横向诱发应力。在压缩变形大的部位产生诱发拉应力；在压缩变形小的部位产生压应力，而这两个应力形成的内力，又

图 7-3　各向异性引起的
圆筒形件中的诱发应力

是相互平衡的。如果压缩变形的差值过大，就会在受诱发压应力作用的部位上产生塑性失稳的起皱现象，这就是不均匀拉力作用下起皱的机理。

（3）残余应力是冲压毛坯中产生内应力的另一种形式。当冲压成形过程结束，冲压件

脱离模具的作用，由于脱离出模具后，外力已完全消失，但原来在冲压毛坯中的内应力（加载应力与诱发应力）并不会完全消除，而是以残余应力的形式保留下来。由于不存在外力的作用，所以残余应力必然以拉压性质相反的形式存在，而且也一定是相互平衡的。残余应力产生在冲压成形过程结束之后，所以它对冲压成形过程和成形极限参数没有影响，因此对它产生的原因、各种因素的影响规律等的研究工作很少，人们对它的了解也不够深入。但是，在有些情况下，残余应力的作用是不容忽视的。例如在大尺寸的非轴对称形状的冲压件（如汽车覆盖件等）的制造时，虽然在冲压成形工序中已经得到形状与尺寸精度完全合格的冲压件半成品，可是在冲孔和切边之后，由于残余应力的平衡条件改变，部分残余应力得以释放，导致冲压件形状与尺寸的变化，给装配工作造成困难。又如在对时效开裂现象敏感的板材（如不锈钢板与黄铜板等）进行拉深成形时，由于拉深时形成的残余应力的作用，在拉深后在圆筒形件的侧壁产生纵向开裂现象，如图 7-4 所示。这种开裂现象可能在脱模后立即产生，也可能在放置一段时间之后产生，或在冲压件使用过程当中发生，所以称为时效开裂。这种现象很难预测，缺陷具有隐蔽性和潜伏性，所以它的危害也大。从

图 7-4 残余应力引起的纵向开裂

这些实例看，对冲压成形时残余应力的研究，也是十分必要的。

圆筒形零件侧壁上的残余应力，是板料在凹模圆角区出口边界上的反向弯曲变形引起的圆周方向（横向）的诱发应力形成的，其数值与板材的性能、凹模圆角半径、拉深力、板厚、拉深高度等有关。根据各种因素对残余应力数值的影响规律，可以对它进行一定程度的控制，降低产生纵向开裂的可能。由于同样的原因，在圆筒形拉深件的侧壁也有纵向（轴向）的残余应力：外表面是残余拉应力，而内表面是残余压应力。

残余应力也是冲压成形的结果，它是冲压毛坯经历冲压变形和卸载两个过程之后形成的。因此，为了研究残余应力，必须首先正确地了解冲压成形时毛坯内部的应力分布与数值，并进一步研究内应力在卸载过程中的变化。当然，从目前的研究工作现状来看，要做到这一点还很困难，即使是形状较为简单的轴对称形状的冲压件，也很难做到精确的计算。

目前，对残余应力的研究工作已经成为一个科学技术发展的领域，出现许多新的研究成果与实验测试方法。但是，在冲压成形中对残余应力的研究工作不多，所用的残余应力的实验测试方法也多为应用方便、但精度不高的传统方法。这种方法的原理是：在冲压成形后的冲压件或半成品上，根据对欲测残余应力性质的分析与判断，用切口、切除、切开等方法，破坏冲压件的完整性，消除维持、保留残余应力的基本条件，使残余应力得以释放（消除）。由于去除残余应力，经切开的部分必然发生形状与尺寸的变化。当然，这个形状与尺寸的变化都是弹性的，于是也就可以利用弹性力学的方法计算出残余应力的数值。改变一些工艺参数，重复上述的工作，也可以得到各种参数对冲压残余应力的影响，这种研究冲压残余应力的方法，只能得到关于残余应力总体上的信息，无法测得残余应力的细微变化，而且精确的程度也差。但是，由于这种测法方便、容易实行，而且具有很强的直观效果，所以它还是当前的重要研究方法。

7.1.4　冲压成形中毛坯的破裂和起皱

7.1.4.1　*破裂*

在冲压成形过程中，毛坯某个部位上的金属发生破坏现象是冲压加工中常常出现的问题。由于一旦出现毛坯的破坏，冲压成形就不可能继续下去，所以它是从事冲压工艺工作人员必须考虑和处理的首要问题。

从本质上看，冲压成形中毛坯的破坏与其他情况下金属的破坏机理是完全一样的，并没有什么特殊性，所以从金属材料的破坏角度研究所得的结果，对冲压成形中的破坏现象也完全适用。但是，为了便于从冲压变形条件与各种工艺参数的影响来分析与研究冲压成形中产生的破坏现象，并且进一步有针对性地采取相应的措施以避免破坏的发生，也有必要对冲压成形中的破坏现象从另一个角度出发做必要的分析。吉田清太、林央等把冲压成形中的破坏分成为 α 破坏、β 破坏与弯曲破坏三种形式。他们认为 α 破坏是材料强度不足引起的；β 破坏是材料塑性不足引起的；弯曲破坏是弯曲变形过大引起的。但是，吉田清太与林央等也曾把冲压成形中的破坏分成为拉伸破坏、弯曲破坏和剪切破坏三种形式，他们也对各种破坏形式产生的原因和防止方法做了深入的分析。

在冲压成形过程中出现的破坏现象很多。无论是哪种形式的破坏，也无论破坏发生在毛坯的哪个部位，只要是材料产生了破坏现象，在这个位置上的应力与应变一定都达到了某个极限数值，而且当变形的条件（温度、加载方式、应力状态、应变梯度、应变路径等）确定时，这个极限值也一定是固定的。因此，在冲压成形时，从应力或从应变角度来分析破坏问题的原因，完全是为了便于分析各种工艺参数与成形条件对破坏的影响规律，达到防止破坏和正确确定成形极限以及提高成形极限的目的。基于上面的分析可以把冲压成形中的各种破坏现象做如下的叙述。

A　在冲压成形中变形区的破坏

在冲压成形中变形区的破坏主要发生于伸长类成形。伸长类翻边、伸长类曲面翻边、胀形、扩口、拉弯等冲压成形中毛坯变形区的破坏都属于这种情况。图 7-5 所示为平板毛坯胀形时变形区的破坏。伸长类成形时各种因素对成形极限的影响规律以及提高成形极限的措施等均适用于这种情况。

由于在冲压成形时，冲压毛坯转变成为冲压件的　　图 7-5　平板毛坯胀形时变形区的破坏
实质就是冲压毛坯变形区形状的变化，所以在生产中
均采用应变值来衡量毛坯变形区的变形能力。虽然可以用简单拉伸试验所得的伸长率来衡量变形区的变形功能，但是，由于前述的多种变形方式与变形条件因素的影响，目前还不可能应用伸长率的方法确切地从数量上对这种破坏进行预测和确定合理的工艺参数。对于形状复杂的曲面形状零件的成形，目前多应用成形极限图（FLD）作为破坏的判断和预测。

B　传力区破坏

传力区破坏是冲压成形中另一种常见的形式。在冲压成形时，传力区的功能是把冲模的作用力传递到变形区。如果变形区产生塑性变形所需要的力超过了传力区的承载能力，传力区就会发生破坏。这种破坏多发生在传力区内应力最大的危险断面，如图7-6中拉深件侧壁靠近底部在凸模圆角部位的破坏，就是这种破坏的典型例子。虽然这种破坏部位金属的塑性变形也一定达到材料塑性所允许的极限，但是为了对冲压成形中各种问题分析的方便，还必须以变形力与传力区的承载能力的关系为依据，用力学参数的分析方法进行传力区破坏的预测与判断。当冲压毛坯的某一个变形区兼有传递变形力的功能时，这部分也可能发生破坏（见图7-5）。这种破坏兼有变形区破坏与传力区破坏的性质。

图7-6 拉深时毛坯传力区的破坏

C 局部破坏

局部破坏是冲压成形中破坏的一种特殊形式。这种破坏多发生在非轴对称形状零件的冲压成形过程。图7-7（a）所示为发生在盒形件冲压时的局部破坏，在生产中通常称为壁裂。图7-7（b）所示为发生在不连续的拉深筋出口处的局部破坏，在生产中通常称为拉深筋处开裂。这两种破坏具有非常明显的局部特点，它可能发生在变形区，也可能发生在传力区，还可能发生在兼有变形区和传力区功能的部位，但不发生在通常认为是危险断面的部位。这种局部破坏产生的原因比较复杂。

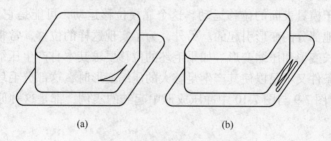

(a)   (b)

图7-7 冲压成形中的局部破坏
(a) 成形中的壁裂；(b) 拉深筋破裂

当板料毛坯的某个部分通过凹模圆角区或通过拉深筋时，会产生多次弯曲与反向弯曲的变形，其结果不但使这部分毛坯的厚度变薄，而且也由于这部分毛坯经历过过多的冷变形，它的硬化性能处于硬化的后期，接近于硬化饱和状态。当这部分毛坯进入传力区或变形区后，如果受到不均匀应力场中过大拉应力的集中作用时，它已不可能靠硬化性能使局部变形向周围扩展，于是便在这个局部部位上发生破坏。

D 残余应力引起的破坏

残余应力引起的破坏是在冲压成形完成后在脱模时立即产生的，但有时候也发生在冲压成形后放置一段时间后，甚至发生在安装、使用的过程中，所以有时也称为时效破坏。图7-4所示的破坏就是圆筒形拉深件由残余应力引起时效破坏的实例。消除这种形式破坏的措施，除在板料金属的组织与性能方面采取必要的方法外，从冲压成形方面最根本的办法就是减小或消除引起破坏的残余应力。例如在圆筒形零件拉深时，可以用适当减小拉深模间隙的办法改变原有产生外表面圆周方向拉伸残余应力的条件。

7.1.4.2　起皱

　　起皱也是冲压成形过程中的一种有害现象，轻微的起皱影响冲压件的形状精度和冲压件表面的光滑程度，而严重的起皱可能妨碍和阻止冲压成形过程的正常进行。因此，对起皱问题的研究、深入地了解其产生机理、科学地掌握发生起皱的规律，对冲压生产技术的进步具有十分重要的意义。由于起皱是一种塑性变形失稳的过程，它的产生机理和各种因素的影响规律十分复杂，而且冲压毛坯起皱部分的几何形状和尺寸各异，其周边的约束条件也各不相同，致使采用严谨的力学分析方法进行起皱问题的研究工作，遇到了与当前研究工作的能力和水平不相适应而产生的困难。

　　从本质上看，认为冲压成形中所有的起皱现象都是压应力作用结果的说法，以及认为冲压成形中起皱的原因是因为起皱部分的材料多余所致的说法，都是正确的。但是，从对冲压成形中的起皱现象做具体而进一步的分析出发，从为解决冲压生产实际问题的要求考虑，这样的分析方法就显得不够了。

　　为了深入地研究冲压成形中的起皱问题，必须要以对毛坯在冲压成形中的变形与受力的具体情况的分析为基础，进行起皱机理的研究，才有可能正确地认识引起起皱的原因，找出防止起皱的正确措施。按照这样的分析方法，可以把冲压成形中出现的起皱现象划分为两大类。

A　第一类起皱

　　在冲压成形时，为使毛坯的形状发生变化并成为冲压件的形状，毛坯的某些部分一定要产生逐渐趋近于模具表面的位移运动。这个靠模位移运动，可能是它本身变形的结果，也可能是毛坯其他部分的变形引起的。另外，为了实现这样的位移，常常要求毛坯本身产生一定大小的伸长变形和压缩变形。如果毛坯的位移要求其本身产生压缩变形，而这部分毛坯的内力作用条件又不足以使其产生足够大的压缩变形时，这部分毛坯就有可能产生起皱现象；图7-8、图7-9与图7-10中冲压成形中起皱的实例，都是这种原因形成的同一类型的起皱。

　图7-8　拉深过程中毛坯法兰边的起皱　图7-9　球面形状零件的起皱　图7-10　锥面形状零件的起皱

　　在直壁空心零件的拉深过程中，冲压毛坯的外部边缘部分是压缩的变形区，通常称作法兰区。在拉深时，法兰区受直壁部分的拉力作用产生变形，其结果使法兰上各点的金属都产生向冲头靠近的位移。在轴对称的拉深成形时，这种位移要求毛坯有一定大小的圆周方向上的压缩应变与之相适应。但是，冲头力所形成的直壁内拉应力和由此引起的法兰内的径向拉应力还不足以使其产生足够大的压缩变形，于是在法兰上就会产生切向的压应力，并可能引起法兰部分的起皱，如图7-8所示。

　　同样的道理，在球面、锥面或其他曲面零件成形时，位于凹模口以内的毛坯部分，在成形过程中也要产生趋向于凸模表面的位移。这个靠模位移也要求毛坯在圆周方向产生一定大小的周向应变，即周向压缩变形。如果这个周向的压缩变形不够大，就会在毛坯的靠模过程中产生周向压应力，并引起起皱（见图7-9和图7-10）。由于这种起皱发生在凹模口内，通常称为内皱。

在生产中，防止和消除这种类型起皱的措施是：

（1）如果起皱部位在成形过程中始终具有平面或其他规则的形状，允许在垂直于板面方向对起皱部位施加并保持一定的压力时，可以采用防起皱的压料装置（如压边圈等）。在增强毛坯抗起皱能力的条件下，使这部分毛坯产生足够大的压缩变形，以保证它顺利地完成靠模的位移运动。

（2）另一种方法是从根本上消除起皱的措施，其本质是用加大径向拉应力使毛坯在产生靠模位移的部位产生径向伸长变形的办法，使毛坯在与之垂直的圆周方向产生压缩变形，从而使靠模位移运动得以顺利进行，达到防止起皱的目的。虽然这种办法的道理比较复杂，不像第一种方法那样直观、方便，但是它是目前曲面形状零件冲压成形时防止内皱的主要措施。

B 第二类起皱

第二类冲压成形中的起皱是由于某些特殊力的作用引起的，它与毛坯的靠模位移运动没有关系。对这种类型起皱的研究工作已有一定的进展，但目前仍处于不够成熟与深入的阶段。目前已有一定研究结果的有以下两种形式。

a 不均匀拉力作用下的起皱

普通的力学观点认为：物体或构件在受到压缩时（压缩力的作用时），在一定的条件下可能发生塑性变形的失稳（有时也称纵向弯曲等）。由于压力加工学的基础之一是固体力学，所以这种看法在冲压技术领域里也作为一种基本道理受到肯定。但是，由于冲压成形毛坯的几何形状特点（板面尺寸远大于板厚）和冲压成形力的施加特点，都引发出一些冲压成形过程中毛坯失稳起皱等问题，这些问题的研究结果使我们对塑性变形失稳的认识有了进一步的深化。

吉田清太用方形板料毛坯沿对角线方向施加不均匀拉力的方法（YBT），证实了板料在不均匀拉力下起皱现象的存在，并且用有限元方法对起皱范围内板料上的应变与应力分布做了计算与分析。之后在吉田清太领导下又对起皱的机理和起皱后如何消除的方法方面也做了较为全面的研究。

不均匀拉力作用下起皱的机理，可以用吉田清太提出的方板对角拉伸的模拟实验方法（YBT）予以说明（见图7-11）。在方形毛坯对角线上作用的拉力P，对毛坯的总体来说是不均匀的；在角部的作用是比较集中的，但是随与拉力作用点距离的增大，这个拉力的作用逐渐趋于均匀分布。在毛坯角部的拉应力最大，它所引起的伸长变形及与之垂直方向上的压缩变形也大。但是，随着拉应力作用的逐步均化，拉应力的数值也必然减小，其结果一定使其引起的伸长变形和横向的压缩变形得到相应的降低。这种沿拉力方向产生的不同大小的横向压缩变形受到板料整体性的限制，于是便在不同的部

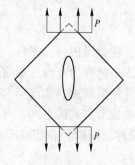

图7-11 不均匀拉力作用下
起皱的模拟实验

位上产生相互平衡的诱发应力。诱发应力的方向垂直于拉力的作用方向。在这个诱发应力的作用下，在受压缩诱发应力作用的部位，在横向压缩变形较小的部位上便会出现失稳起皱现象（见图 7-11）。除拉力的大小、不均匀的程度、拉力作用点的距离与板材的厚度等因素对起皱形成的波纹高度、宽度与长度等有直接的影响外，板材的性能也是一个重要的影响因素。板材的 n 值（硬化性能）影响拉应力不均匀分布的程度，而板材的 r 值（变形的各向异性）影响横向压缩变形的大小，所以它们是影响不均匀拉力下起皱过程与结果的另一方面的条件。在生产中，虽然可以用更换不同性能板材的方法来消除或减轻这种起皱缺陷，但是最有效的方法还是改变模具工作部分的几何形状与尺寸，从而改变拉力作用的方式，消除产生不均匀拉力的根本原因。另外，也可以在成形的中后期用施加拉力（在与皱纹相垂直的方向上）或在垂直于板面方向施加正压力的方法消除已形成的皱纹。

　　b　剪力作用下的起皱

　　如果作用在冲压毛坯某个部位上有两个方向相反的拉力，而且这两个拉力又不处在同一个直线上时，这两个拉力就构成了一对剪力。板料毛坯在剪力的作用下，如果条件具备也能出现起皱现象。图 7-12 就是伸长类曲面翻边时，在冲压毛坯的翻壁上出现剪力作用下起皱的实例。

图 7-12　伸长类曲面翻边时
毛坯侧壁的起皱

　　上述两种类型的起皱（不均匀拉力作用下的起皱与剪力作用下的起皱）主要发生在厚度小的薄板大型非轴对称的曲面类零件（如汽车覆盖件等）的冲压成形过程。在这种零件冲压时，由于凸模具有三维的曲面形状，再加凹模口、凹模工作面与压料面的多样与复杂的特点，以及拉深筋的配置等原因，使凹模口内的板料受到随位置不同而变化的拉力。虽然这样的拉力是这类零件冲压成形所必需的，可是同时它们也形成了不均匀拉力或剪力的作用形式并引起毛坯的起皱。在生产中，如果在这种靠拉力成形的过程中出现起皱现象，首先应该判断起皱的原因，然后运用适当方法改变毛坯形状、冲压方向、压料面的形状、拉深筋的布置等，改变不均匀拉力或剪力的作用形式，消除起皱现象。

7.2　弯　　曲

　　将金属板料、棒料、管料或型材等弯成一定的角度和曲率，从而获得所需形状工件的冲压工艺称为弯曲。弯曲是冲压的基本工序之一，在冲压工艺生产中占有很大的比重。弯曲件种类很多，如汽车大梁、门窗铰链、自行车车把、机床控制柜和工具箱外壳等。根据弯曲成形方式的不同，弯曲方法分为压弯、折弯、滚弯、拉弯等，但最常见的是用弯曲模（又称压弯模）在普通压力机（如曲柄压力机、液压机、摩擦压力机等）上进行弯曲（压弯）。

　　通过对弯曲工艺进行网格分析及应力、应变分析，可获得弯曲变形的变形特点；针对弯曲可能出现的质量缺陷采用相应的措施，以保证弯曲顺利进行。

7.2.1 弯曲变形的过程和特点

现以 V 形件弯曲为例说明弯曲的变形过程。

V 形件弯曲是一种很普通的板料弯曲，其弯曲过程如图 7-13 所示。在开始弯曲时，板料与凸、凹模三点接触，板料的弯曲内侧半径为 r_0。随着凸模的下压，板料的直边与凹模 V 形表面逐渐靠紧，弯曲内侧半径逐渐减小变为 r_1，同时弯曲力臂也逐渐减小，l_0 变为 l_1，直到板料与凸模三点接触，弯曲内侧半径和弯曲力臂分别减小为 r_2 和 l_2。当凸模、板料与凹模三者完全压紧，板料的内侧弯曲半径及弯曲力臂达到最小时，弯曲过程结束，得到所需的零件。其变化过程为 $r_0 > r_1 > r_2 > r$，$l_0 > l_1 > l_2 > l$。

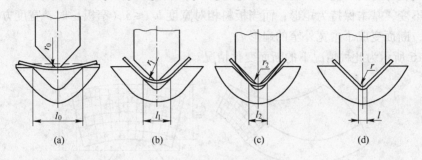

(a)　　　　　　(b)　　　　　　(c)　　　　　　(d)

图 7-13　V 形件弯曲过程

（a）开始弯曲时，板料与凸、凹模三点接触；（b）板料的直边与凹模 V 形表面逐渐靠紧；
（c）板料与凸模三点接触；（d）凸模、板料与凹模三者完全压紧

由于板料在弯曲变形过程中弯曲半径逐渐减小，因此弯曲变形程度逐渐增加；又由于弯曲力臂逐渐减小，弯曲变形过程中板料与凹模之间产生相对滑移。凸模、板料与凹模三者完全压紧后，如果对弯曲件继续施压，则称为校正弯曲。在这之前的弯曲称为自由弯曲。自由弯曲是凸模、板料与凹模间的线接触，而校正弯曲是它们的面接触。

研究材料的冲压变形规律，常采用画网格的方法进行辅助分析。如图 7-14 所示，先在板料毛坯侧面用机械刻线或照相腐蚀的方法画出网格，观察弯曲变形后网格的变形情况，就可分析出板料的变形特点。

（1）弯曲变形区的位置。弯曲变形主要发生在弯

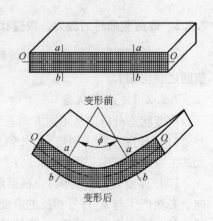

图 7-14　材料弯曲前后的网格变化

曲带中心角 ϕ 范围内，弯曲带中心角以外直边部分离弯曲部分越远，变形就越小，可认为基本上不变形。弯曲后工件如图 7-15 所示，弯曲带中心角为 ϕ，而弯曲后直边部分的弯曲角为 α，两者的关系为：$\phi = 180 - \alpha$。

（2）应变中性层。网格由正方形变成了扇形，靠近凹模的外侧纤维切向受拉伸长，靠近凸模的内侧纤维切向受压缩短，在拉伸与压缩之间存在一个既不伸长也不缩短的中间纤维层，称为应变中性层。

（3）变形区厚度和板料长度。根据试验所知：弯曲半径与板厚之比 r/t 较小时（$r/t \leqslant$

4)，弯曲中性层向内偏移。中性层内移的结果是：内层纤维长度缩短，导致厚度增加，外层纤维伸长，厚度相应变薄。由于厚度增加量小于变薄量，因此板料总厚度在弯曲变形区内变薄。同时，由于体积不变，所以变形区的变薄使板料长度略有增加。

（4）变形区的断面。内层受压缩，宽度增加；外层受拉伸，宽度减小。这种状况由于板料的宽度不同又有所区别：当板料相对宽度 $b/t > 3$（宽板）时，材料在宽度方向

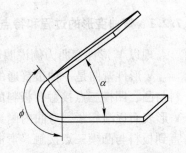

图 7-15　弯曲角与弯曲带中心角

的变形受到相邻材料的制约，阻力大，流动困难，横截面尺寸几乎不变，基本保持为矩形；而当板料相对宽度 $b/t \leq 3$（窄板）时，宽度方向变形的约束较小，断面变成了内宽外窄的扇形。

图 7-16 所示为此种情况下的断面变化情况。

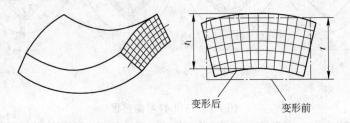

变形后　　　　变形前

图 7-16　窄板弯曲后的断面变化

7.2.2　弯曲变形时的应力、应变状态分析

由于板料的相对宽度 b/t 对板料宽度方向的应力、应变影响很大。因此，应力、应变值随之变化较大。

7.2.2.1　应变状态

应变状态分析应从不同方向着手：

（1）长度方向（切向）。外侧为伸长应变，内侧为压缩应变。其应变 ε_1 为绝对值最大的主应变。

（2）厚度方向（径向）。根据塑性变形体积不变条件可知，沿着板料的宽度和厚度方向，必然产生与 ε_1 符号相反的应变。在板料的外侧，厚度方向的 ε_2 为压缩应变；在板料的内侧，厚度方向的应变 ε_2 为伸长应变。

（3）宽度方向（轴向）。分两种情况：窄板弯曲（$b/t \leq 3$）时，材料在宽度方向可以自由变形，所以外侧应为压缩应变，内侧为伸长应变；宽板弯曲（$b/t > 3$）时，沿宽度方向，板料的变形受到材料彼此的限制，所以外侧和内侧方向的应变 ε_3 近似为零。

7.2.2.2　应力状态

应力状态也应从不同方向着手：

（1）长度方向（切向）。外侧受拉应力，内侧受压应力，其应力 σ_1 为最大主应力。

（2）厚度方向（径向）。在弯曲过程中，材料有挤向曲率中心的倾向。越靠近板料外表面，其切向拉应力 σ_1 越大，材料间内挤的倾向越大。这使板料在厚度方向产生了压应

力 σ_2。在板料的内侧，也产生了压应力 σ_2。

（3）宽度方向（轴向）。分两种情况：窄板弯曲（$b/t \leqslant 3$）时，由于材料在横向的变形不受限制，因此，其内侧和外侧的应力均可忽略为零；宽板弯曲（$b/t > 3$）时，外侧材料在横向的收缩受阻，产生拉应力 σ_3，内侧横向扩展受阻，产生压应力 σ_3。

板料在弯曲过程中的应力、应变状态，如图 7-17 所示。从图 7-17 中可以看出，宽板弯曲是三维应力状态，窄板弯曲则是平面应力状态；窄板弯曲是三维应变状态，宽板弯曲则是平面应变状态。

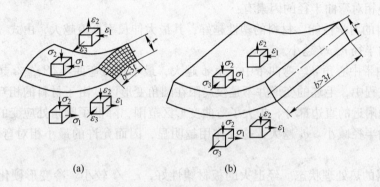

图 7-17　板料在弯曲过程中的应力、应变状态
（a）窄板；（b）宽板

7.2.3　弯曲成形的主要问题分析

7.2.3.1　弯曲裂纹与最小相对弯曲半径

板料弯曲时外层受拉，当拉伸应力超过材料的强度极限时，对于同一种材质的板料而言，能否出现裂纹取决于 r/t 的大小。

A　最小相对弯曲半径 $r_{\min}/t$

设弯曲件中性层的曲率半径为 ρ，弯曲带中心角为 ϕ，如图 7-18 所示，由此可得最外层的断后伸长率 $\delta_{外}$ 为：

$$\delta_{外} = \frac{\widehat{aa} - oo}{oo} = \frac{(r_1 - \rho)\,\alpha}{\rho\alpha} = \frac{r_1 - \rho}{\rho} \tag{7-1}$$

设弯曲后中性层不发生内移且板厚保持不变，那么 $\rho = r + \dfrac{t}{2}$，$r_1 = r + t$，将其代入式（7-1）则有：

$$\delta_{外} = \frac{1}{\dfrac{2r}{t} + 1} \tag{7-2}$$

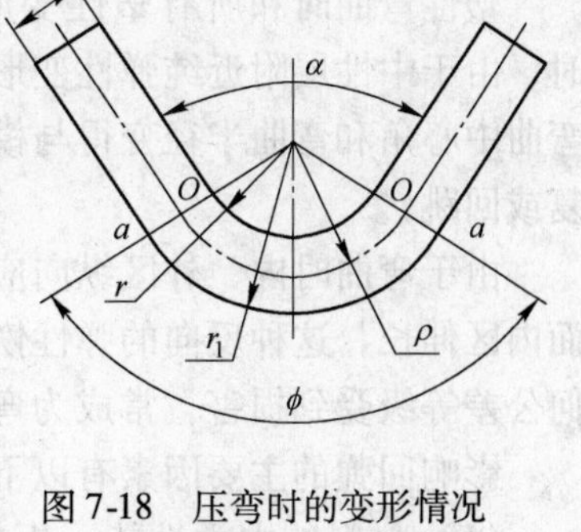

图 7-18　压弯时的变形情况

由式（7-2）可知，对于一定厚度的材料，弯曲半径越小，外层金属的相对伸长量越大。

当外层金属的相对伸长量达到材料的最大伸长率时，弯曲半径达到最小值，板料就会产生弯曲裂纹。因此相对弯曲半径 r/t 反映了板料的弯曲变形程度，r/t 越小，弯曲变形程度越大。

现将材料的最大伸长率 δ 代入 $\delta_\text{外}$，可求得 r_min/t 与 δ 的关系：

$$\frac{r_\text{min}}{t} = \frac{1-\delta}{2\delta} \tag{7-3}$$

因此，在保证毛坯最外层纤维不发生破裂的前提下，所能达到的内表面最小圆角半径与厚度的比值 r_min/t 称为最小相对弯曲半径。生产中用它表示弯曲时的成形极限。

B　影响最小相对弯曲半径的因素

影响最小相对弯曲半径的因素有：

（1）材料的力学性能。材料的塑性越好，其最大伸长率 δ 值越大，由式（7-3）可见，最小相对弯曲半径 r_min/t 越小。

（2）弯曲带中心角 ϕ。弯曲带中心角 ϕ 越大，最小相对弯曲半径 r_min/t 越小。这是因为实际弯曲过程中，毛坯的变形并不是仅局限在圆角变形区。由于材料的相互牵连，其变形扩展到圆角附近的直边部分，扩大了弯曲变形区范围，降低了圆角处应变的最大值，使最小相对弯曲半径减小。ϕ 越大，这种作用越明显，因而允许的最小相对弯曲半径 r_min/t 越小。

（3）板料的热处理状态。经退火的板材塑性好，r_min/t 较小。冷变形硬化的板材塑性降低，r_min/t 较大。

（4）板料的边缘及表面状况。由于下料造成板料边缘冷变形硬化、产生毛刺以及板料表面被划伤等缺陷，弯曲时容易造成应力集中而增加破裂倾向，因此最小相对弯曲半径增大。为避免此种情况出现，可去除大毛刺，而将毛刺较小的一面朝向弯曲凸模。

（5）板料的弯曲方向。板料经过轧制后产生了纤维状组织，这种纤维状组织具有各向异性的力学性能。沿纤维方向的力学性能较好，抗拉强度较高，容易拉裂。因此，当折弯线与纤维组织方向垂直时，r_min/t 数值最小，当折弯线与纤维方向平行时，r_min/t 数值最大。当弯曲件具有两个折弯线且相互垂直时，应使折弯线与纤维方向保持45°的角度。

7.2.3.2　弯曲件的回弹

塑性弯曲时和所有塑性变形一样，伴有弹性变形，当变形结束，工件不受外力作用时，由于中性层附近纯弹性变形以及内、外区总变形中弹性变形部分的恢复，使弯曲件的弯曲中心角和弯曲半径变得与模具的尺寸不一致，这种现象称为弯曲件的回弹（也称为弹复或回跳）。

由于弯曲时内、外区纵向应力方向不一致，因而弹性恢复时方向也相反，即外区缩短而内区伸长，这种反向的弹性恢复大大加剧了工件形状和尺寸的改变。因而使弯曲件的几何公差等级受到损害，常成为弯曲件生产中不易解决的一个特殊性问题。

影响回弹的主要因素有以下几点：

（1）材料的力学性能。板料的弹性模数越小，屈服极限和抗拉强度等与变形抗力有关的数值越大，则回弹也越大。可以从拉伸应力应变曲线来说明。图 7-19（a）所示的两种材料的屈服极限基本相同，但弹性模数不同（$E_1 > E_2$）。当弯曲件的相对弯曲半径尺寸相同时，其外表面的切向变形的数值相等，均为 ε。在卸载时这两种材料的回弹变形不一样，弹性模数较大的退火软钢的回弹度变形小于软锰黄铜。又如图 7-19（b）所示的两种材料，其弹性模数基本相同，而屈服极限不同。在弯曲变形程度相同的条件下，卸载时的回弹变形不同，经冷变形硬化而屈服极限较高的软钢的回弹变形大于屈服极限较低的退火软钢。

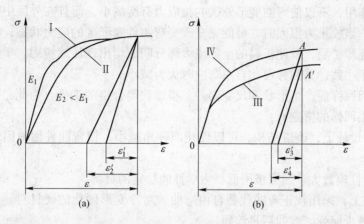

图 7-19 力学性能对回弹值的影响

（a）退火软钢和软锰黄铜的拉伸应力应变曲线；（b）退火软钢和退火后再经冷变形硬化的软钢的拉伸应力应变曲线

Ⅰ，Ⅲ—退火软钢；Ⅱ—软锰黄铜；Ⅳ—退火后再经冷变形硬化的软钢

（2）相对弯曲半径 r/t。相对弯曲半径越小，板料的变形程度越大，在板料中性层两侧的纯弹性变形区以及塑性变形区总变形中的弹性变形的比例减小，所以回弹值就越小。如图 7-20 所示，同一种材料，取 A、B 两点，不同的变形分别为 ε_A 和 ε_B，且 $\varepsilon_B > \varepsilon_A$。将 AB 间的应力应变曲线看作直线，延长此直线与横坐标轴相交于点 P，并设 PO 长为 ε_P。而且 AB 两点的回弹变形分别为 ε_A' 和 ε_B'。则有：

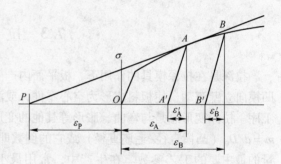

图 7-20 变形程度对回弹值的影响

$$\frac{\varepsilon_P + \varepsilon_A}{\varepsilon_A'} = \frac{\varepsilon_P + \varepsilon_B}{\varepsilon_B'} \qquad (7\text{-}4)$$

由于

$$\frac{\varepsilon_P}{\varepsilon_A'} < \frac{\varepsilon_P}{\varepsilon_B'}$$

所以

$$\frac{\varepsilon_B'}{\varepsilon_B} < \frac{\varepsilon_A'}{\varepsilon_A}$$

（3）弯曲中心角。弯曲中心角 α 越大，则变形区域 αR 越大，回弹积累值越大，回弹角越大。但对弯曲半径的回弹没有影响。

（4）工件形状。U 形件的回弹由于两边互受牵制而小于 V 形件。形状复杂的弯曲件，若一次弯成，由于各部分互相牵制和弯曲件表面与模具表面之间的摩擦影响，可以改变弯曲工件各部分的应力状态（一般可以增大弯曲变形区的拉应力），使回弹困难，因而回弹角减小。

（5）弯曲方式。自由弯曲时回弹角大，采取校正弯曲时回弹角减小。校正力越大，回弹值越小。在实际生产中，多采用带一定校正成分的弯曲方法。校正力大于弯曲变形所需的力。这时弯曲变形区的应力状态和应变的性质和纯弯曲有一定的差别，由于板料受凸模和凹模压缩的作用，不仅使弯曲变形外区的拉应力有所减小，而且在外区中性层附近还出现了压缩应力。当校正力很大时，可能完全改变弯曲件变形区的应力状态，即压应力区向板料的外表面逐步扩展，致使板料的全部或大部分断面均出现压缩应力。于是内、外区回弹的方向取得了一致，其回弹可比自由弯曲时大为减小。

弯曲工件因回弹而产生形状和尺寸误差，很难获得合格的工件，为此，要采取减小回弹的措施。减小回弹的措施有：

1）在工件设计上，改进结构，可以促使回弹角减小，使弯曲件回弹困难，并提高弯曲件的刚度。

2）采用弹性模数大、屈服极限低、力学性能稳定的材料。

3）在工艺上，采用校正弯曲代替自由弯曲。对冷变形硬化的硬材料，可先退火使屈服极限降低，减少回弹，弯曲后再淬硬。

4）在模具结构上，利用弯曲回弹规律与改变变形区应力状态来减小回弹。

综上所述，弯曲对材料的要求主要有两个：一个是为避免弯曲裂纹，材料要有好的塑性，具体是较高的伸长率；另一个是为减少回弹，材料要有低的屈服强度。

7.3　拉　深

拉深是在拉深模具的作用下，板平面内产生切向压应力和径向压应力，坯料通过拉深凹模向立壁流动，使板料成形为空心零件，或浅的空心毛坯成形为更深的空心零件的冲压工序。拉深变形总是与弯曲、胀形等其他的变形方式同时发生。在拉深加工中，拉深系数 $m = d/D_0$（凸模直径/毛坯直径）或它的倒数即拉深比 $R = D_0/d$ 是决定工序成败及制件质量的最主要的工艺参数。在生产中，常用最小拉深系数 $m_{min} = (d/D_0)_{min}$ 或最大拉深比 $R_{max} = (D_0/d)_{max}$ 作为拉深变形的加工极限。

7.3.1　拉深变形的过程

图 7-21 所示为圆筒形零件的拉深变形过程。当凸模下降与板料接触时，板料首先弯曲，在凸模圆角部位，材料发生胀形变形并产生硬化。凸模继续下降，此时，板料有两种变形的可能，一是凸模底部板料在两向拉应力作用下产生伸长变形、表面积增加、厚度减薄，即胀形变形；二是法兰部分板料在切向压应力、径向拉应力作用下，通过凹模圆角向直壁流动，表面积减少，厚度增加，即拉深变形。当拉深变形阻力与胀形变形阻力相当时，底部的胀形将与法兰处的拉深同时进行。若拉深变形阻力小于胀形变形阻力，底部和壁部的板料将不再发生变形，法兰处的坯料向直壁转移形成筒壁，拉深变形得以顺利进行，直至变形结束。若拉深变形阻力大于底部或缝部胀形变形阻力，将发生胀形变形。出于胀形变形程度有限，所以这种变形方式的转变意味着破裂的开始。因此，正常的拉深过程是弯曲、胀形、拉深的变形过程。否则，则为弯曲、胀形、拉深、胀形、破裂的过程。弯曲变形在拉深过程中始终存在。胀形变形或是存在于变形初期，或是存在于加工的全过程，或是与拉深变形交替进行，直至变形结束或零件开裂。

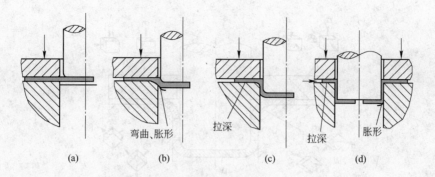

图 7-21 圆筒形零件的拉深变形过程

（a）凸模与板料刚接触；（b）板料弯曲并在凸模圆角部位材料发生胀形；（c）板料在凸模作用下产生拉深变形；
（d）板料在凸模作用下产生拉深和胀形变形

7.3.2 拉深变形的应力、应变

从拉伸件的纵截面上观察，厚度和硬度沿筒壁纵向是变化的，变化规律如图 7-22 所示。底部略有变薄，但基本上等于原板料的厚度；筒壁上端增厚，越接近边缘厚度越大；筒壁下端变薄，越靠近圆角处变薄越严重，由筒壁向底部转角偏上处，出现明显变薄，严重时可产生破裂。硬度沿高度方向也是变化的，越接近上边缘硬度越高，这说明在拉伸过程中，板料各部分的应力、应变状态是不一样的。为了更深刻地认识拉深变形的本质，了解拉深过程中所发生的各种现象，有必要探讨拉深过程中板料各区域的应力、应变状态。

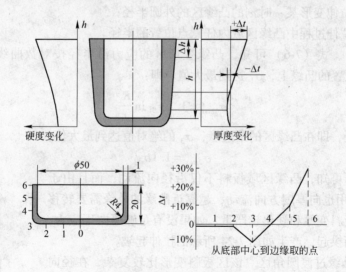

图 7-22 硬度和壁厚沿筒壁纵向变化规律

图 7-23 所示为拉伸过程中的某一时刻的状态。根据应力、应变的不同，可将板料划分为 5 个区域讨论。

（1）Ⅰ 为平面凸缘区。这是主要的变形区，这部分板料在径向拉应力 σ_1 和切向压应力 σ_3 的作用下，发生塑性变形而逐渐流入凹模。在凸缘厚度方向，由于受到压边力的作用，产生压应力 σ_2。通常，径向拉应力 σ_1 和切向压应力 σ_3 的绝对值要比 σ_2 大得多，因

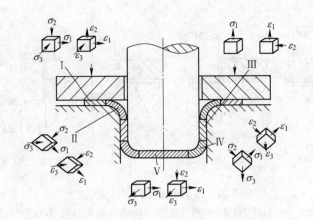

图 7-23　圆筒件拉深各部分的应力、应变状态

σ_1，ε_1—板料径向的应力与应变；σ_2，ε_2—板料厚度方向的应力与应变；

σ_3，ε_3—板料切向的应力与应变

此 σ_2 可忽略不计。根据塑性力学定律，σ_1、σ_3 与拉伸有关尺寸的关系为：

$$\sigma_1 = 1.1\sigma_{均} \ln \frac{R_t}{R} \qquad (7\text{-}5)$$

$$\sigma_3 = 1.1\sigma_{均} \ln \left(1 - \frac{R_t}{R}\right) \qquad (7\text{-}6)$$

式中　$\sigma_{均}$——凸缘变形区应力场的平均值；

　　　R_t——拉伸变形某一时刻的凸缘区的外圆半径；

　　　R——拉伸过程中凸缘区域内任意点位置的半径。

由式（7-5）、式（7-6）可知，凸缘变形区的应力沿半径按对数曲线分布，在 $R = r$ 处，即在孔壁位置的凸缘上，σ_1 达到最大值，即：

$$\sigma_{1max} = 1.1\sigma_{均} \ln \frac{R_t}{r} \qquad (7\text{-}7)$$

在 $R = R_t$ 处，即在凸缘区的最边缘，σ_3 的绝对值达到最大值：

$$\sigma_{3max} = 1.1\sigma_{均} \qquad (7\text{-}8)$$

由前面分析可知，凸缘区域板料不仅沿径向流动，而且由于压应力 σ_3 的作用也向厚度方向流动，越靠近凸缘的外缘需要转移的板料越多，板料变厚和硬化越严重，如果没有足够厚向压应力，极易失去稳定而拱起，产生如图 7-24 所示的拉伸起皱。

（2）Ⅱ为凸缘过渡圆角区。该区板料变形比较复杂，在径向受拉应力 σ_1，切向受压应力 σ_3，但 σ_1 的绝对值要大于 σ_3 的绝对值。此外，还要受凹模圆角对板料产生的弯曲拉应力作用及弯曲作用带来的厚向压应力 σ_2 作用，这些应力的叠加使 σ_1 达到最大值。弯曲拉应力随凹模圆角半径的减小而增大，当凹模圆角半径过小时，在此处就会出现弯曲破裂。

（3）Ⅲ为筒壁区。筒壁经历了塑性弯曲变形后又被拉直的复杂变形过程，在继续拉伸

图 7-24　拉伸起皱

时，不再发生大的变形，但凸模产生的拉伸力要通过筒壁传到凸缘部分，因此，这部分只承担单向拉应力 σ_1 的作用，产生微小的纵向变形和减薄。

（4）Ⅳ为底部圆角过渡区。底部圆角的受力状况和凸缘过渡圆角有些相似，材料除受到径向、切向拉应力作用外，还要受到由于底部圆角的弯曲和压力所诱发的厚度方向压应力 σ_2 的作用。

底部圆角在拉伸开始时已经形成，而且一直保持着，并且所形成的圆角一直受拉伸应力和弯曲应力的作用，这和凸缘过渡圆角处板料弯曲后又被拉直成为筒壁、弯曲应力随即消失有很大的不同，在底部圆角和直壁相切处，受拉伸而产生伸长变形，但由于凸模的摩擦阻力作用，使得筒底的材料不能去补充因伸长而带来的变薄，于是该处板料厚度变薄最为严重。

（5）Ⅴ为筒底区。筒底部分也是拉伸开始时就形成的，它一直受到二向拉应力的作用，同样由于受到凸模圆角摩擦力的阻碍，其受的拉应力很小，所以变薄也很小。

7.3.3　拉深成形的主要问题

拉伸过程的主要破坏形式是凸缘的起皱和底部圆角和直壁相切处的开裂。起皱可以通过施加压边等措施解决，但随着压边的增加又容易产生底部圆角和直壁相切处的开裂，所以在实际应用中一般将起皱与拉深的另一个主要问题底部圆角和直壁相切处的开裂联系起来考虑。

7.3.3.1　起皱

起皱是冲压成形过程中一种主要的有害现象，轻微起皱影响冲压件的形状精度和表面光滑程度，而严重的起皱将使板料无法正常流入凸、凹模的间隙，导致破裂而成为废品。因此，深入分析起皱原因，科学掌握发生起皱的规律，找出解决方法，对冲压技术的进步具有十分重要的意义。起皱是一种塑性变形失稳现象，起皱的原因有三点：压应力所带来的压杆失稳，变形区的应力不均匀和剪应力作用。对于圆筒形件的起皱主要是由于凸缘的切向压应力 σ_3 超过了板材临界压应力，引起压杆失稳。起皱有两种形式：一种是压边圈下凸缘材料的起皱，一般称为外皱；另一种是其他位置的起皱，一般称为内皱。

根据稳定性理论，薄壁件受压时，其稳定性受到压力和壁厚的影响。拉伸件是否起皱受切向压应力 σ_3 和板料的相对厚度（t/D_0）的影响。切向压应力越大，板料相对厚度越小，越容易起皱。由上述的分析得知，拉伸最大切向压应力 σ_{3max} 出现在凸缘外边缘处，起皱首先在此开始。起皱不仅取决于 σ_{3max} 大小，而且也受凸缘的相对厚度 $t/(R_0 - R_t)$ 的影响。在拉伸过程中，σ_{3max} 是随拉伸的进行而增加，但凸缘变形区却不断缩小，外凸缘材料的厚度增加，相应地 $t/(R_0 - R_t)$ 不断增加。前者增加失稳起皱趋势，后者提高抗失稳起皱能力。这两个因素相互作用，最终使起皱最严重的瞬间落在 $R_t = (0.8 \sim 0.9) R_0$ 时刻。

拉深过程中影响起皱的主要因素有：

（1）板料的相对厚度 t/D_0。板料相对厚度越小，稳定性越差，越容易起皱。

（2）拉深系数用 $m = d/D_0$ 表示拉伸时的变形程度。拉深系数越小，变形程度越大，凸缘部分的板料硬化程度越高，切向压应力 σ_3 所带来压杆失稳也越大。同时，拉深系数越小，凸缘部分的宽度越大，抗失稳起皱能力越差。所以拉深系数越小，起皱趋向越大。

（3）模具工作部分几何形状。与普通的平端面凹模相比，锥形凹模（见图7-25）可以保证板料预变形，减小流入过程中的摩擦阻力和弯曲变形阻力，因此，起皱趋向小。凹模圆角半径减小，凸缘板料流入凹模洞口阻力增大，起皱趋向减小。

防止起皱的措施有：

（1）采用便于调节压边力的压边装置。拉深一开始，板料就被压边圈压住。在整个拉深过程中，凸缘板料始终被紧压在凹模平面上，压边力的大小最好与拉深力的变化一致。

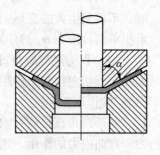

图7-25　锥形凹模

采用压边圈对拉深也带来不利的影响，即压边圈的压力增加了危险断面的拉应力，增加了拉破的倾向。

（2）采用锥形凹模。如图7-25所示，采用锥面有助于板料的切向压缩变形，同时，锥面拉深与平面拉深相比，具有更强的抗失稳能力，所以不易起皱。采用锥形凹模，凸缘板料流经凸缘圆角所产生的摩擦阻力和弯曲变形阻力明显减小，拉深力自然比采用平端面凹模小得多，相应地允许变形也较大，即可采用较小的拉深系数成形。

（3）采用拉伸筋。如图7-26所示，对汽车覆盖件等一些复杂曲面制件的拉深，拉深模常采用拉伸筋来增大径向拉应力 σ_1，均匀板料流入凹模洞口的阻力，减少压料面积，稳定拉深过程，避免板料"多则起皱，少则裂"的现象，以消除起皱。

（4）采用反拉深。如图7-27所示，首先，反拉深板料流动的方向与正拉深相反，有利于相互抵消拉深时形成的残余应力；其次，板料的弯曲和反弯曲次数也少，加工硬化也少，有利于成形；再者板料与凹模接触面积大，流动阻力大，从而增大径向拉应力 σ_1，减小切向压应力 σ_3，可有效地防止起皱倾向。

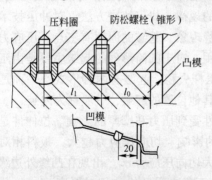

图7-26　采用拉伸筋模具

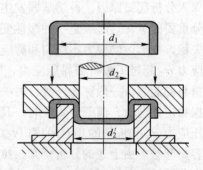

图7-27　反拉深

7.3.3.2　拉裂

拉深件产生拉裂的根本原因在于筒壁下端与外围角相接处，即危险截面处的应变过大，导致壁厚过分变薄，无法承受最大拉应力。

影响筒形件拉裂的主要因素有：

（1）板料力学性能的影响。板料屈强比越小，板料的伸长率 δ 越大，r 值、n 值越大，对拉深越有利。因为屈强比小，板料容易塑性变形，变形所需要的拉力也小，筒壁传力区的拉应力也相应减小；σ_b 大，则提高危险断面的强度，减少破裂的危险。伸长率 δ 大的板料，在拉伸变形时不容易出现细颈，因而危险断面的严重变薄和拉裂现象推迟。板料的硬

化指数 n 值越大，抗颈细能力越强，传力区越不易拉裂。板厚各向异性指数 r 越大，厚度方向变形越困难，越不容易破裂。

（2）拉深系数 m 的影响。较小的拉深系数意味着拉深变形程度较大，可以减少拉深次数，但同时使壁厚变薄程度增大，破裂更容易。

（3）凹模圆角半径的影响。在拉深中，凹模圆角半径过小，板料在此处产生的弯曲-伸直变形导致变形阻力、摩擦阻力急剧增大，总拉伸力增加，而且引起过分变薄，导致拉裂。

（4）凸模圆角半径的影响。凸模圆角半径过小，板料在该部位受过大的弯曲变形，结果降低了板料危险断面的强度，导致该部位板料严重变薄或拉裂。

（5）摩擦的影响。摩擦的影响具有双重性。凸缘部分润滑有利于减小拉深力，防止过分变薄或拉裂。凸模的粗糙分散侧壁危险区厚度的减薄，可以减缓破裂。

（6）压边力的影响。压边力不能过大，否则，板料就难以进入凹模，而使制件易破裂。

影响拉深破裂的因素很多，其中材料性能，凸、凹模圆角半径和摩擦系数产生的影响比较显著。因此，合理确定材料，凸、凹模圆角半径和使用润滑对于防止拉深破裂具有决定性的意义。

综上所述，在拉深过程中，破裂与起皱是拉深过程中的两大主要缺陷，是拉深时的主要质量问题。为避免其发生，针对任一缺陷所采取的预防措施对于另一方则产生相反的影响。由于起皱可以通过用合适的压边力得以控制。因此，拉裂就成为拉深的主要破坏形式，拉深时，极限变形程度的确定就是以不破裂为前提条件的。

7.4 胀形与翻边

7.4.1 胀形

胀形是使金属板料或毛坯件中间的局部位置上产生鼓凸变形，从而获得其表面积增大的零件的一种冲压成形方法。如图 7-28 所示，只在大面积坯料 D 的局部 d 处产生鼓凸变形，而外法兰部分不产生变形。

在胀形成形中，不存在坯料在凹模中的滑动与摩擦，工件表面没有划伤而比较光滑。因此，胀形间隙不成为重要的工艺参数，在图中也没有明确标出。另外，胀形时其变形区只有拉应力作用，成形后的几何形状易于固定，卸载时的弹性回复很小，易于得到尺寸精度较高的零件。因此，一些冲压件的最后校形，往往也是用胀形方法去实现

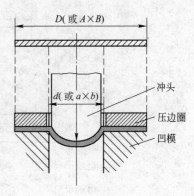

图 7-28 胀形示意图

的。胀形的方法很多，按其成形的面积来分有：

（1）局部胀形。包括平板坯料的局部胀形，如压筋条、凹坑、花纹等；管子坯料的局部胀形，如波纹管及自行车中接头等的成形。

（2）整体胀形，如摩托车、自行车挡泥板及飞机蒙皮等的成形。

（3）大曲面胀形，如汽车车身的外罩板零件及其他大曲率半径面上的很浅胀形，这种胀形的平均伸长率大约为 1% ~ 3%。

按其冲头结构来分，有刚模胀形和软模胀形。

胀形总体变形特点：胀形变形区在拉应力作用下产生伸长变形工序。在变形区的大部分位置上应力、应变特点如图 7-29 所示。

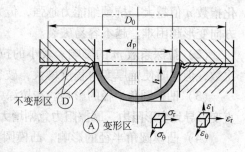

图 7-29　胀形应力、应变

坯料的外环形部分为不变形区（D 区），冲头所对部分为变形区（A 区）。其简单变形过程及特点（见图 7-29）为：胀形时，外径为 D_0 的坯料在压边力的强烈作用下，只有直径为 d 的坯料范围产生变形，法兰部分因被压住而不参与变形。为了使外法兰部分材料完全不参与变形，在凹模转角处增设了三角筋，这种胀形称为纯胀形。胀形结束后，坯料外径 D_0 不变，这一点与翻边相同。变形区材料在整个变形过程中也不向外转移。这是与拉深、翻边都不相同的地方。

由于变形区内金属处于双向拉应力作用，其坯料形状的变化主要是由该部分金属的拉伸减薄而使表面积增加，因此，拉伸变薄量对胀形成形极限起决定性的影响。这一点与翻边相同。所以，评定胀形性能的重要材料性能参数有伸长率 δ、加工硬化指数 n 和各向异性系数 r。

应变分布与变形状态：胀形变形区的应变都是伸长变形，材料厚度变薄。但出于摩擦力的关系，变形区的伸长变形并不均匀，在某个位置上最为严重，该部分的应变最先达到最大、板厚成为最薄处。平底冲头与球形冲头胀形的应变分布变形状态的一般规律如图 7-30 所示。

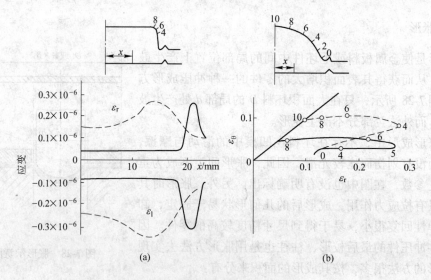

图 7-30　胀形的应变分布与状态图
（a）应变分布图；（b）变形状态图
实线—平底冲头；虚线—球形冲头

冲头转角处是一个重要位置。在圆角半径小的场合，应变会集中在冲头角部弯曲半径部位附近。用平冲头时，如图 7-30（a）实线所示的冲头转角侧面，由于冲头转角部位摩擦力的影响，其头部材料流向侧壁受到阻碍，转角处受到拉伸、弯曲、弯曲回弹等作用后，从冲头转角到稍稍靠侧壁的地方，受拉伸最大而使板厚减小。与此相比，凹模转角处因未受到弯曲回弹等影响，所以拉伸变形较小。

当冲头是一曲面时，球冲头的应变分布情况如图 7-30（a）虚线所示，应变分布会比较平缓，应变的峰值点也容易受到摩擦的影响而有所变动。

变形状态如图 7-30（b）所示，切向和径向应变都是拉伸应变，处于第一象限内。显然球形冲头胀形比平冲头（柱形冲头）更有利。

7.4.2 翻边

翻边是将金属平板坯料或半成品工件的某一部分，沿其一定的轮廓线使其内法兰部分变大，成为有竖边边缘零件的冲压成形方法，也有不变成竖边，只把坯料中某一部分的孔径加以扩大的。如富奇汽车灯架零件，其冲加工过程中就有一道翻边工序或称扩孔工序。该工序是将内孔为 d_0 的毛坯变成 d_1（见图 7-31 中虚线所示）的内孔零件。通常，翻边是指圆孔翻边（或内孔翻边），如图 7-31 所示，将坯料上的预加工小孔 d_0 处的内环形部分，成形为直径为 d_1 零件的竖边，即为一种典型的翻边工序。

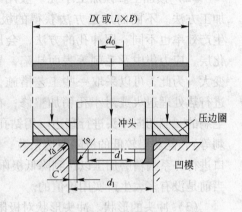

图 7-31　圆孔翻边示意图

圆孔翻边是翻边的基本形式，也有称为翻孔的。虽然还有一些翻边形式在变形特点与应力状态上较圆孔翻边要复杂些，但其基础仍然是圆孔翻边。说翻边是拉深类冲压成形的典型工序之一，也是基于这个道理。

从图 7-32 所示的翻边过程可知，翻边是在冲头作用下，坯料的内环形（外孔为 d_1、内径为 d_0）部分逐渐变成了竖边的直壁部分。显然，这个内环形部分即为变形区（A 区），已翻成竖边的壁部为传力区（B 区），外法兰部分为不变形区（D 区）。其变形区的应力、应变特点与拉深不同：如图 7-32（a）所示，它是在双向拉应力作用下，其中最主要是在切向拉应力作用下，产生最大的切向拉应变，变形区材料变薄。

翻边过程中应力、应变的分布情况及规律如图 7-33 所示。图中很直观地示出了变形过程中某一瞬时的径向应变 ε_r 和切向应变 ε_θ 的大小及分布，还示出了径向应力 σ_r 与切向应力 σ_θ 的规律，为翻边极限变形程度的度量提供了依据。

翻边变形程度用预加工小孔孔径与翻成零件竖边直径之比来表示，称为翻边系数 K_f，翻边极限的影响因素有以下几种。

（1）材料的性能。一般来说，材料的伸长率越大，极限翻边系数越小，翻边变形的极限变形

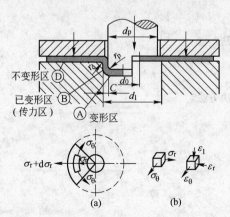

图 7-32　翻边过程

程度越大。但是，伸长率的物理意义是表示相对应变，它有时不能真正反映塑性变形程度。所以，在研究冲压变形的成形极限、金属流动规律及变形力学特点中，往往都采用对数应变值，以反映真正的实际变形程度，尤其是大塑性变形时。

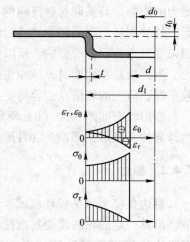

图 7-33　翻边过程中应力、
应变的分布情况

同时加工硬化指数 n 值和各向异性系数 r 值也对翻边性能有影响，n 值、r 值越大，极限翻边系数越小，翻边变形的极限变形程度越大。

（2）预加工。预加工小孔一般用冲孔或钻孔加工的加工方法。不同的加工方法获得的极限翻边系数不同，生产效率也不同。用冲孔的方法，会形成孔口表面的硬化层、应力集中及毛刺等表面缺陷，导致极限翻边系数变大。为此，可以采取一些工艺措施，如冲孔后对坯料进行热处理退火或对小孔稍加整修；在翻边时置坯料有毛刺的一侧朝向冲头进行翻边。用钻孔的方法（包括钻孔后对孔边缘稍加清理，如去除毛刺等），能获得较低的极限翻边系数，但生产效率比冲孔低一些。应当指出，钻孔后对孔口进行一系列精磨加工以达到降低极限翻边系数的方法，可以作为一种研究试验用，但在当前是没有多大生产实用价值的。

（3）冲头的形状。冲头形状对极限翻边系数有较大影响，将翻边冲头头部形状加工成锥形、球形及抛物线形比柱形冲头好。因为这样能减少变形过程中引起边部开裂的最大切向拉应力，使翻边过程较为顺利，从而降低极限翻边系数。实验研究和生产实际表明，锥形冲头等比柱形冲头翻边降低极限翻边系数达 10% 以上。

（4）材料的相对厚度。材料的相对厚度越大，其极限翻边系数越小，这是很容易理解的。所以，在计算翻边系数时，工件直径取其中径进行计算，也就是考虑了这种影响。

复习思考题

7-1　简述冲压变形的分类及特点。

7-2　简述冲压成形中毛坯的破裂和起皱原因及相互关系。

7-3　简述弯曲变形的过程和特点。

7-4　弯曲成形可能存在哪些主要问题，及其原因和解决方法？

7-5　简述拉深变形的应力应变分析。

7-6　简述拉深成形可能存在的主要问题、原因和解决方法。

7-7　简述胀形和翻边过程可能存在的主要问题、原因和解决方法。

8 金属塑性成形实习指导

8.1 实习准备

8.1.1 实习动员

实习动员工作一般应由系级主要领导亲自指导，辅导员、班主任、实习指导教师和全体学生都必须参加实习动员会议。

系领导主要讲明实习的目的、任务和要求。

要求指导教师既教书又育人，充分发挥表率作用，言传身教耳濡目染去影响学生；抓好实习队的管理，对表现好的学生应给予表扬和奖励，对学生中出现的不良行为要敢抓、敢管、敢于批评、赏罚分明，防止放任自流；指导教师之间遇事多商量、通气，团结一致，认真搞好实习的指导工作。对学生着重要强调实习纪律和安全意识。

要求学生在学习上、生活上防止和克服自由散漫作风，实习纪律好坏是评定生产实习成绩的标准之一。

辅导员、班主任和实习指导教师主要讲述学校历年来在实习方面积累的经验、教训和有关规定。

会后组织讨论，各实习小组制定出落实的具体措施，以便在实习中定期对照检查。

经验表明，只要领导重视、大力支持，有关部门密切配合，在指导教师的严密组织与指导下，学生的实习一定能取得良好的效果。

8.1.2 实习组织和业务落实

8.1.2.1 实习组织

实习前首先配好指导教师，一般由有经验的中、老年教师和年轻教师组成实习指导教师队伍。教师人数按学生人数多少来定，一般比例以 1:(15～20) 左右为宜。

年轻教师往往缺少实践知识和管理经验，对实习各环节的指导一开始有困难，需要有实践经验丰富的老教师指导，所以其人数不宜过多。

由于工厂车间里设备密集，情况复杂，空地面积有限，机器噪声较大，为便于管理，保证学生安全和实习效果，每次进入工厂参观的学生人数不能太多。

关于学生的分组应根据学生的学习状况、思想素质、工作能力、品德修养以及他们互相间的关系等因素进行合理的编组，这样有利于管理。学生组设正、副组长各一人，挑选班上责任心强的干部担任。

为了加强实习期间的组织领导，实习队应成立由教师和学生班班长、团支书组成的核心小组。核心小组成员分工明确，做到心中有数，各负其责，共同指导实习队的日常工作。

8.1.2.2 业务落实

A 实习点的选择

要使学生通过实习收获比较大，必须选好实习地点。根据国家教委相关文件精神，

"在保证质量的前提下，按照就地、就近的原则，尽量在本系统、本边区所属单位安排实习场地。需要跨系统、跨地区安排的，原则上由学校与接受实习的单位直接联系。要力争做到接受实习的单位相对稳定，较长时间内有固定的实习基地，学校和接受实习单位要签订实习合同。"

在选择实习地点时，要根据这些原则和政策，并考虑到专业性质和实习内容而定。材料成形专业涉及的知识面广、安排的内容多，因此要选择规模大、工艺和设备先进、典型产品多、生产正常运行、专业对口的工厂作为实习场所。对于材料成形与控制专业两个方向（轧钢和模具方向）的实习，必须保证钢铁联合企业的从炼铁到轧钢全流程实习，但重点是轧钢生产线，同时也要保证汽车冲压生产线的实习。

在选点时，往往所选的点与部分学生要求相矛盾，这就要进行思想工作，教育学生识大体、顾大局。充分认识专业与选点、收获大小与选点的关系。只要实习场所近而且经济许可，可以跨地区、跨系统选择。

    B   时间的安排

要达到实习的目的必须保证下厂时间，对于认识实习，要求每个实习工厂的实习时间至少一整天。而生产实习必须保证每个工序不少于一天。

8.2　实习目的和要求

8.2.1　认识实习的目的和要求

认识实习是同学们专业课学习的启蒙课程，为了使学生能在今后专业课的学习中进一步深入理解专业知识，对实践教学工作，尤其是实习的教学极为重视。认识实习是第一门实习的教学课程，是学生能否正确认识成形专业的关键课程。

该课程安排在二年级学期末，是材料成形基础教程的一个重要环节。它要求学生通过对不同类型及规模的材料成形工厂，包括轧钢、冲压和挤压厂进行实地参观，增进对材料成形工艺流程、设备生产原料和产品的感性认识，系统了解各种材料成形工厂的工艺组织与总体布局等问题，对材料成形专业形成一个比较全面的初步认识，为今后专业课的学习打下良好的基础。

为了使学生在专业课的学习中能更准确把握成形专业的关键课程，对认识实习进行了认真规划和多年改进，形成了适合材料成形与控制专业学习的模式和内容，主要依托钢厂和汽车厂建立当时较为完善的认识实习教学体系。

（1）培养学生理论联系实际，重视实践的作风，培养学生分析问题、解决问题的能力。通过现场参观和实践，向现场技术人员和工人师傅学习，使学生掌握一定的生产实际知识，提高学生对专业知识的认识。

（2）通过对钢厂原料、烧结、球团、焦化、炼铁与炼钢车间和生产厂的参观，以及对轮箍厂、中板厂、高线厂、棒材厂、H型钢厂、CSP热轧带钢厂等主要轧钢生产厂和冲压车间的实习，使学生对钢铁生产的总工艺流程有初步的认识，了解钢铁生产中各工序的作用、原理和方法，主要工艺流程和车间设备情况；特别要求学生更深入地了解各轧钢生产车间的生产工艺流程、车间平面布置、主要工艺设备、主要控制方法和轧钢自动化设备知识等，以及模具设计、加工、热处理、修复、使用等，掌握其中部分内容并从中获得一定的认识。通过实习，掌握一定的轧钢、模具等生产的基本原理知识，建立对专业的初步认识，为进一步学习材料成形的专业基础理论知识和相关课程奠定基础。

由于实习时间短，实习内容较多，所以要突出重点，使实习完成大纲要求。通过现场实际观察、了解，听现场技术人员及教师讲课，学习实习有关教材和资料，加深对生产工艺和设备的了解，掌握实习大纲规定的内容。同时把听课内容笔记以及现场了解的内容记录加以整理和消化，进一步做好实习报告，促进深入学习，保证实习任务的完成。

8.2.2 认识实习计划安排实例

认识实习总共两周，其中钢厂实习安排6天，冲压工厂实习安排2天，实习参观后讨论1.5天，实习总结0.5天。认识实习具体内容及时间安排见表8-1。

表 8-1　认识实习具体内容及时间安排

课 程 内 容		教学要求	重点(☆)	难点(Δ)	学时安排	备 注
炼铁、炼钢厂（多媒体资料）	(1)炼铁、炼钢基本原理,工艺流程,各主要生产工序的作用。 (2)炼铁原料制备:炼铁原料种类,主要制备方法和作用;烧结的原理和作用,烧结机的形式和工作原理;球团的原理和作用,生产球团的设备和工作原理;焦化的原理和作用,焦化厂的主要设备和主要生产过程,主副产品的用途。 (3)高炉炼铁:高炉炼铁的原理,高炉的形式和设备组成;高炉炼铁的生产过程和主要控制原理及方法;高炉的主副产品及其主要用途;炼铁工艺的发展趋势和非高炉炼铁的方法及基本原理。 (4)炼钢及浇铸:炼钢的原理;炼钢的设备形式,平炉、转炉、电炉的工作原理和特点;各种炼钢炉的生产过程和主要控制方法;炉外精炼的原理和方法,各种炉外精炼设备的形式和特点;钢水浇铸成形的方法和特点;钢锭的主要种类和工艺要求;连铸机的形式和工作原理,连铸坯的种类和主要工艺要求	B		Δ	1.5天	
车轮轮箍厂	车轮、轮箍轧制的特点、工艺流程和主要设备情况;原料钢锭的分割方法;加热炉特点和加热制度,加热的目的和作用;毛坯成形的原理、方法和设备;车轮、轮箍轧制的方法,轧辊的布置情况、数目和轧制特点;产品热处理的方法和设备等	A	☆	Δ	1天	
中板厂	中厚板的生产特点、工艺流程和主要设备组成;原料种类和原料的要求;加热炉的特点和加热制度,加热温度的范围和加热温度的确定原则;除鳞的作用和除鳞方法;粗轧机的设备构成,轧辊尺寸,粗轧的主要作用和任务,粗轧的道次及道次压下量设定原则;精轧机的设备构成,轧辊尺寸,精轧的主要作用和任务,道次数和道次压下量的设定原则;粗轧和精轧的主要控制参数;轧后冷却的方法和原理;精整工艺和设备组成,矫直的作用和原理,矫直机的形式和构造;冷床形式和工作特点;检查上下表面的方式;剪切机的形式和工作原理。板厚和板形控制的主要手段和基本控制原理;控制轧制和控制冷却的基本概念	A	☆	Δ	1天	

课 程 内 容	教学要求	重点（☆）	难点（Δ）	学时安排	备 注
高线厂　高速线材生产的工艺流程，生产特点和设备组成；高线的定义，产品的范围和原料的种类及对原料的要求；加热炉特点及加热制度；轧制线上各机组的轧机类型、数目与布置形式；高线生产的孔型情况，轧制中的温度制度及速度制度与张力制度，活套的形式和作用；轧制线上各剪切机的形式、特点及作用；轧件冷却线的设备组成，控制冷却的方式、原理和作用；吐丝机及集卷站的设备结构及特点；钩式运输机的布置和特点，以及压紧和打捆机的布置和设备构成情况	A	☆	Δ	1 天	
棒材厂　棒材生产的工艺流程、生产特点和主要设备组成；棒材的定义、产品范围和原料的种类及对原料的要求；棒材加热炉的特点和加热制度；轧制线上各机组的轧机类型、数目、布置形式；棒材生产中的孔型情况，轧制中温度制度及速度制度与张力制度的使用情况，活套的形式和作用；切分轧制的原理和特点，切分孔型的特点和切分的方法；轧制线上各剪切机的形式、特点及作用，棒材穿水冷却的基本原理、优点和适用的产品范围，穿水设备的构成和工作情况；冷床的形式、构造和工作原理，棒材收集，定尺剪切，记数、打捆等设备的构造和工作原理	A	☆	Δ	1 天	
H 型钢厂　H 型钢生产的工艺流程、生产特点和主要设备组成；H 型钢的特点和轧制的特殊要求；产品的范围和原料的种类和原料特点；加热炉特点和加热制度；除鳞机的特点和除鳞的作用，除鳞水的压力与流量；轧制线上轧机的组成和各自的任务；开坯机的作用，轧制道次数；万能粗轧机、万能精轧机的特点和设备构成情况，轧辊的配置特点，各自的作用，轧制道次数；轧边机的构造，轧辊布置特点和作用；锯机的形式，在生产线上的布置，切头锯与分段锯的作用和工作方式；精整线的布置形式，设备构成；冷床的形式，轧件在冷床上的放置和运行方式；矫直机的形式，构造和工作原理	A	☆	Δ	1 天	
冲压车间　了解冲压工艺的流程特点，了解液压冲床的基本构造，并进行简单的实际操作	A	☆	Δ	2 天	
CSP 热轧带钢厂　CSP 生产的工艺流程，生产特点和主要设备组成；CSP 的特点和轧制的特殊要求；产品的范围和原料的种类和原料特点；结晶器及其相关装置、液芯压下技术、加热炉特点和加热制度；除鳞机的特点和除鳞的作用，除鳞水的压力与流量；薄板坯连铸机与连轧机间的衔接匹配、薄板坯连铸连轧工艺特点、薄板坯连铸连轧的轧钢工艺和设备、轧制线上轧机的组成和各自的任务	A	☆	Δ	1 天	
实习讨论及实习总结				2 天	

注：教学要求，A—熟练掌握；B—掌握；C—了解。

8.2.3　生产实习的目的和要求

生产实习是高等工科院校各专业教学计划中一个重要的实践性教学环节，是理论联系实际进行工程师基本技能训练的必要途径，通过实习达到以下目的：

（1）使学生了解和掌握本专业基本的生产实际知识，印证和巩固已学过的专业基础课与部分专业课，并为后续专业课的学习、课程设计和毕业设计打下良好的基础。

（2）培养学生在生产实践中调查研究、观察问题的能力和理论联系实际、运用所学知识认识分析问题、解决问题的能力。

（3）开阔学生的专业视野，拓宽专业知识面。宏伟的现代化生产现场是学生了解本专业科技现状、把握时代前进脉搏的重要课堂，从这里可以学到很多书本上学不到的知识。

（4）生产实习中，学生通过对工厂的了解和亲身体会，提高对材料成形专业在国民经济中的重要地位的认识。巩固专业思想、明确努力方向，从而激发学生为祖国繁荣富强刻苦学习的热情。

（5）了解社会，接近工人群众，克服学生中轻视实践、轻视劳动、轻视劳动群众的思想，树立实践观点、劳动观点、群众观点和集体主义观点。国家教委《关于改进和加强高等学校生产实习和社会实践工作的报告》中明确指出，"高等学校学生进行实习的总要求是：了解社会，接触实际，以增强群众观点和社会主义事业心、责任感。提高政治思想觉悟，巩固所学理论，获得本专业初步的实际知识，以利培养实际工作能力和专业技能。"这个总要求是针对全国各个高等学校不同专业而言，它既包括生产实习要求，又包括社会实践要求，每个高等学校均应根据教委的这一原则要求，结合材料成形工艺及设备专业的培养目标，提出具体要求。

具体要求如下：

（1）培养学生理论联系实际，重视实践，重视调查研究，学会分析问题、解决问题。通过现场参观和实践，向工厂技术人员和工人师傅学习，使学生获得生产实际知识和技能，学习组织、管理生产的方法和知识，培养独立工作能力，提高学生专业技能和综合素质。通过实习，使学生更加坚定坚持四项基本原则和献身社会主义经济建设事业的信念。

（2）通过对钢厂的初轧生产线、热轧无缝钢管生产线、板带钢热轧生产线、冷轧生产线、线棒生产线、H型钢厂生产线等的两条生产线以及汽车生产厂中的冲压生产线的全面的实习，使学生对各车间生产工艺流程、车间平面布置、主要工艺设备、主要控制方法及相关控制数学模型和自动化设备知识、模具设计、加工、热处理、修复、使用等有比较深入的了解，掌握其中部分内容，并从中获得一定的认识。为巩固已学的轧钢专业基础理论知识和进一步学习轧钢、冲压、挤压和拉拔工艺及设备等专业课程奠定基础。

（3）完成教学大纲中规定的轧钢生产工艺学、冲压工艺学及挤压和拉拔工艺学、塑性加工设备的现场教学任务。

8.2.4　生产实习计划安排实例

宝钢实习安排8天（两个厂），马钢实习安排4天（一个厂），马鞍山鑫马专汽冲压生产线2天或芜湖奇瑞集团冲压生产线2天。生产实习具体内容及时间安排见表8-2。

表8-2   生产实习具体内容及时间安排

课　程　内　容		教学要求	重点 (☆)	难点 (△)	学时安排
宝钢初轧厂	初轧基本情况概述,产品范围,年生产能力,平面布置等	B			4 天
	生产工艺流程	A	☆		
	车间主要设备和自动控制特点及其作用	A	☆	△	
	初轧机类型及生产特点	C			
宝钢钢管厂	钢管厂基本情况概述,产品范围,年生产能力,平面布置等	B			4 天
	生产工艺流程	A	☆		
	各主要生产工序作用	A	☆	△	
	车间主要设备和自动控制特点及其作用	A	☆		
	连轧管机的发展	C			
宝钢冷轧带钢厂	冷轧带钢厂基本情况概述,产品范围,年生产能力,平面布置等	B			4 天
	生产工艺流程	A	☆		
	各主要生产工序作用	A	☆		
	车间主要设备和自动控制特点及其作用	A	☆	△	
	冷连轧机的发展	C			
宝钢热轧带钢厂	热轧带钢厂基本情况概述,产品范围,年生产能力,平面布置等	B			4 天
	生产工艺流程	A	☆		
	各主要生产工序作用	A	☆		
	车间主要设备和自动控制特点及其作用	A	☆	△	
	热连轧机的发展	C			
宝钢高速线材厂	高速线材厂基本情况概述,产品范围,年生产能力,平面布置等	B			4 天
	生产工艺流程	A	☆		
	各主要生产工序作用	A	☆		
	车间主要设备和自动控制特点及其作用	A	☆	△	
	高速线材轧机的发展	C			
马钢 H 型钢厂、热轧板带厂 (CSP)、冷轧板带厂	各厂基本情况概述,产品范围,年生产能力,平面布置等	B			4 天
	生产工艺流程	A	☆		
	各主要生产工序作用	A	☆		
	车间主要设备和自动控制特点及其作用	A	☆	△	
	H 型钢、热轧板带(CSP)、冷轧板带轧机的发展	C			
马鞍山鑫马专汽或芜湖奇瑞集团冲压生产线	各厂基本情况概述,产品范围,年生产能力,平面布置等	B			2 天
	冲压生产工艺流程	A	☆		
	各主要生产工序作用	A	☆		
	车间主要设备和自动控制特点及其作用	A	☆	△	
	模具设计、制造、修复、使用等技术	A	☆	△	

注：教学要求，A—熟练掌握；B—掌握；C—了解。

8.3 实习的管理和指导

8.3.1 实习的规章制度

实习的规章制度有：

（1）学生应正确认识到实习的重要性。无论是认识实习还是生产实习都是十分重要的课程，是在工厂进行的实践教学必需环节，是为后续学习而设置的一门必修课程。

（2）学生应明确实习目的和要求，认真听讲、参观和操作。下班后要认真复习、刻苦钻研，及时对当天实习内容进行总结，并对相关内容深入探讨。

（3）遵守劳动纪律，按时上、下班，不迟到、不早退、不旷工，不得随意离开工作岗位或串岗，不得影响他人的工作和实习。上班时不许打闹玩耍，不许看与实习无关的书籍。上岗时不许吸烟，不许吃东西、打盹。

（4）遵守实习车间的规章制度。不许擅自动用操作室和现场的设备，尤其是操作台的操作把和各种按键。

（5）学生必须认真学习厂、车间安全规程，在实习指导师傅和指导老师指导下进入车间实习，以防止安全事故的产生。学生违反安全规程，经指出后仍不改正者，指导师傅和指导老师有权停止其实习，没有实习成绩。

（6）学生必须正确着装，按规定使用劳保用品，安全帽、劳保鞋和工作服必须穿戴整齐，防止安全事故发生，否则不得进入车间内实习，在车间内行走必须在安全过道和安全桥内。

（7）爱护工具、用具及车间的设备，下班后清理好物品，打扫场地卫生，养成良好的工作作风。

（8）学生应虚心向实习指导师傅学习，尊敬师傅，团结同学。同学之间，要团结友爱，互相帮助，争做先进集体。

（9）实习期间不听从指导、擅自行动、抄袭实习报告、对指导师傅寻衅滋事，指导师傅和指导老师有权停止其实习，没有实习成绩。

8.3.2 实习的考核方法

实习期间指导教师根据学生对实习大纲内容的掌握情况、学生在实习期间的表现、实习笔记及报告完成情况，并通过必要的考查，以确定学生的生产实习成绩，成绩分为优、良、中、及格和不及格五种。对于实习过程中不服从指挥、不遵守纪律的同学，经指导教师多次教育不改正者，可给其实习成绩不及格。

参 考 文 献

[1] 钱健清. 对材料成型专业认识实习的思考 [J]. 安徽工业大学学报（社会科学版），2008，25（6）：128～129.

[2] 王明海. 钢铁冶金概论 [M]. 北京：冶金工业出版社，2001.

[3] 李安国. 轧钢概论 [M]. 北京：冶金工业出版社，1982.

[4] 马怀先. 金属塑性加工学——挤压、拉拔与管材冷轧 [M]. 北京：冶金工业出版社，1991.

[5] 吴诗惇. 冲压工艺学 [M]. 西安：西北工业大学出版社，1987.

[6] 马钢中板厂. 工艺技术汇编 [C]，1999.

[7] 林镇钟. 热轧 H 型钢的技术进步和在马钢 H 型钢生产线的应用 [J]. 钢铁，2000，35（10）：33～36.

[8] 陈斌. 马钢 H 型钢产品设计与开发 [J]. 钢结构，2003，18（5）：50～51.

[9] 钱健清. 对 H 型钢特点的进一步分析 [J]. 钢结构，2001，16（1）：16～18.

[10] 蔡长生. 马钢全连续式棒材车间工艺设备设计特点 [J]. 轧钢，2000，17（2）：33～35.

[11] 马鞍山钢铁设计院. 马钢钢铁公司高速线材厂改造设计 [R]. 马鞍山：马鞍山钢铁设计院，2000，5.

[12] 马钢设计院. 二钢高速线材厂设计 [R]. 马鞍山：马钢设计院，2000，13.

[13] 程必福，蔡钊，李恺，等. 车轮轮箍生产 [M]. 北京：冶金工业部工人视听教材编辑部，1991.

[14] 李朝阳. 发电厂概论（实习教材）[M]. 北京：水利电力出版社，1991.

[15] 郭敬哲，潘文英. 生产实习 [M]. 北京：北京理工大学出版社，1993.

[16] 董志洪. 世界 H 型钢与钢轨生产技术 [M]. 北京：冶金工业出版社，1999.

[17] 刘志勇，星晓冬，王玉勃. ϕ273mm Accu-roll 无缝钢管机组工艺与设备 [J]. 金属世界，2008（3）：51～54.

[18] 肖松良. ϕ273mm 限动芯棒连轧管机组工艺设备特征 [J]. 钢管，2006，35（5）：37～42.

[19] 刘东明. ϕ340mm 高精度 HFW 钢管生产工艺布局和设备选择 [J]. 焊管，2002，25（6）：37～40.

[20] 查五生，徐勇. 马钢 H 型钢生产工艺及设备主要特点 [J]. 轧钢，1998，（5）：20～24.

[21] 叶何文，罗军，张卫权. 柳钢 2032mm 热轧板带生产线工艺设计简介 [J]. 柳钢科技，2005，1：34～37.

[22] 雷达林，张卫权. 柳钢高速线材生产线的工艺特点 [J]. 轧钢，2004，21（1）：31～33.

[23] 傅作宝. 冷轧薄钢板生产 [M]. 北京：冶金工业出版社，2005.

[24] 陈龙官，黄伟. 冷轧薄钢板酸洗工艺与设备 [M]. 北京：冶金工业出版社，2005.

[25] 廖仕军. 南钢中板厂新一轮工艺设备改造 [J]. 宽厚板，2002，8（6）：23～26.

冶金工业出版社部分图书推荐

书　名	定价（元）
金属塑性成形力学	26.00
金属塑性成形力学原理	32.00
金属塑性成形	28.00
金属塑性加工学——轧制理论与工艺	39.80
金属塑性加工学——挤压、拉拔与管材冷轧	35.00
塑性加工金属学	25.00
材料科学与工程实验系列教材	
材料科学与工程实验教程（金属材料分册）	43.00
材料成型与控制实验教程（焊接分册）	36.00
金属材料塑性成形实验教程	20.00
材料现代分析测试实验教程	25.00
材料织构分析原理与检测技术	36.00
材料微观结构的电子显微学分析	110.00
材料组织结构转变原理	32.00
材料现代测试技术	45.00
材料的结构	49.00
材料科学基础	45.00
材料评价的分析电子显微方法	38.00
材料研究与测试方法	20.00
材料的晶体结构原理	26.00
现代冶金分析测试技术	28.00
现代物理测试技术	29.00
X 射线衍射技术及设备	45.00
X 射线衍射实验方法	15.00
金属材料学（第 2 版）	52.00
现代材料表面技术科学	99.00
材料加工新技术与新工艺	26.00
金属材料工程概论	26.00
金属固态相变原理	20.00
贝氏体与贝氏体相变	59.00
合金相与相变（第 2 版）	37.00
合金定向凝固	25.00
无机非金属材料科学基础	45.00
冶金材料分析技术与应用	195.00